U0234204

Carbon
Asset Management

碳资产
管理

吴宏杰　编著

清华大学出版社
北京

内 容 简 介

2017年，中国将启动全国碳排放权交易市场，形成市场化碳减排体系，重点逐步覆盖石化、化工、建材、钢铁、有色金属、造纸、电力、航空八个行业。在此背景下，梳理碳资产及碳资产管理相关内容，对于企业具有重要现实性和必要性。

本书基于作者从事碳交易的十余年经验，以碳资产、碳金融及碳资产管理为主线，详细阐述了碳资产管理的理论及模式，是业内第一部系统阐述企业碳资产管理的科普书、工具书。

本书主要内容包括碳资产概述、国内配额碳资产、国内减排碳资产、碳金融市场和碳金融工具、企业碳资产综合管理等。

本书适用于大型控排企业管理者、能源行业从业者、金融界人士、出口型企业、碳资产管理行业从业者以及大学生阅读使用。

图书在版编目（CIP）数据

碳资产管理/吴宏杰编著 . —北京：清华大学出版社，2018（2022.12重印）
ISBN 978-7-302-48955-9

Ⅰ. ①碳… Ⅱ. ①吴… Ⅲ. ①二氧化碳—废气排放量—市场管理—中国 Ⅳ. ①X510.6

中国版本图书馆 CIP 数据核字（2017）第 294078 号

责任编辑：杜　星
封面设计：汉风唐韵
责任校对：宋玉莲
责任印制：曹婉颖

出版发行：清华大学出版社
　　　　网　　址：http://www.tup.com.cn，http://www.wqbook.com
　　　　地　　址：北京清华大学学研大厦 A 座　　　　邮　　编：100084
　　　　社 总 机：010-83470000　　　　邮　　购：010-62786544
　　　　投稿与读者服务：010-62776969，c-service@tup.tsinghua.edu.cn
　　　　质量反馈：010-62772015，zhiliang@tup.tsinghua.edu.cn
印 装 者：北京嘉实印刷有限公司
经　　销：全国新华书店
开　　本：170mm×230mm　印　张：15.5　　　　字　　数：214 千字
版　　次：2018 年 2 月第 1 版　　　　印　　次：2022 年 12 月第 7 次印刷
定　　价：59.00 元

产品编号：077644-01

笔者从 2005 年开始从事碳交易工作,十余年来在国内各行业领域逐步推广碳资产管理的概念。令人欣喜的是,这个概念逐渐被大家接受,但认知程度还是不够,致使企业的碳资产没有发挥出它应有的价值,从而造成了企业资源的浪费。因此,在 2015 年年初,笔者编写出版了《碳资产管理》一书,目的是向控排企业管理者、能源行业从业者、金融机构从业者等相关人士普及碳资产管理的基本知识。该书出版以后,得到了读者积极的反馈。

2017 年年底,国家已启动全国碳排放权交易市场,形成市场化碳减排体系,重点覆盖石化、化工、建材、钢铁、有色金属、造纸、电力、航空等八个行业,涉及企业总数达上万家。未来几年,国内将有更多的企业纳入控排体系,随着越来越多市场参与者的出现,基于市场机制的碳资产管理理念必将受到更多的关注。企业如何有效利用市场手段管理碳资产,实现碳资产的保值增值,相关知识的普及和传播就显得尤为迫切。

自从 2013 年中国开始试点碳交易以来,碳金融在近几年也逐渐走向成熟。2016 年 8 月 30 日,习近平主持召开中央全面深化改革领导小组第二十七次会议并发表重要讲话,会议通过了《关于构建绿色金融体系的指导意见》等文件。会议内容表明,中国将大力发展碳金融,未来碳金融必将成为绿色金融的重要组成部分。

随着国家开始开发全国性碳市场,以及碳金融的大力发展,企业碳资产的价值必将得到提升。

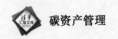

因此在广大读者的鼓励下，我们在上一版本的基础上进行了更新，但还是立足于基础知识的普及。碳资产管理属于新兴交叉学科，希望我们能起到抛砖引玉的作用，并热忱欢迎各领域的专家学者共同完善这门学科，使碳资产管理在企业的发展过程中能发挥更大的作用，使国家的节能减排早日达到既定目标。

吴宏杰

2017 年 8 月

于清华园

近年来,气候变化已被列为全球十大环境问题之首。但气候变化既是环境问题,同时也是政治问题。它是发达国家和发展中国家就环境权与发展权之间的博弈。

以二氧化碳为代表的温室气体浓度的增加是导致气候变化问题的根本原因。2014 年,联合国政府间气候变化专门委员会(Intergovernmental Panel on Climate Change,IPCC)发布的第五次报告显示:"全球气候变暖仍在持续,目前二氧化碳浓度已达八十万年来的最高点,要控制到 21 世纪末温度升高不超过 2℃就需要全世界更积极地行动起来。"

中国是世界上二氧化碳排放量最大的国家,由于中国仍处于工业化和城镇化进程中,二氧化碳排放量仍在持续增加,预计将于 2030 年达到峰值。

作为温室气体排放大国,2009 年,中国向国际社会郑重承诺,到 2020 年时,国内单位生产总值二氧化碳排放要比 2005 年下降 40%～45%。建立国内碳交易体系是实现这一约束性目标的一项重要措施。

2013 年是中国碳市场元年,以"五市二省"为试点的中国碳市场迅速地建立起来。2014 年,近 1 700 家控排企业完成了第一次履约,企业碳资产形成并开始流通,碳金融创新产品也开始出现。在此背景下,梳理碳资产及碳资产管理的相关内容,对于企业具有重要的意义。

基于从事碳交易的十余年经验,编者以碳资产、碳金融及碳资产管理为主线,详细阐述了碳资产管理的理论及模式。本书是业内第一部系

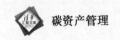

统介绍碳资产管理的书籍,共包含 6 章内容。

第 1 章主要介绍了碳资产的概念、内涵、属性及分类,在此基础上进一步介绍了围绕碳资产开展的碳交易和碳金融。

第 2 章以国内配额碳资产为主线,主要介绍了国内碳交易试点的各主要要素,包括法律法规、总量目标与覆盖范围、MRV 制度、配额分配、登记注册系统、交易制度、履约机制及惩罚机制等。

第 3 章以国内减排碳资产为主线,主要介绍了国内减排碳资产的概念和背景、方法学、项目类型、相关参与机构、开发流程等。

第 4 章围绕碳金融市场和碳金融工具,主要介绍了碳金融市场的内涵、分类,碳金融原生工具、碳金融基本衍生工具及碳金融创新衍生工具。

第 5 章围绕企业碳资产综合管理,主要介绍了企业碳资产管理的实施体系并分享了企业碳资产综合管理现状。

第 6 章主要介绍了企业碳资产管理服务,包括企业碳资产管理战略的制定,以及企业碳资产管理服务的核心内容。

本书是汉能碳资产研究团队集体智慧的结晶,参与本书编写的人员主要有吴宏杰、赵志芳、李一玉、王莹莹、李阳、王刚等。

碳资产管理属于新兴交叉学科,相关研究刚刚开始,所形成的认识有待进一步提高,书中难免有不足之处,恳请广大读者批评指正,同时欢迎交流探讨。

吴宏杰

2017 年 7 月

目 录

Contents

第 1 章
碳资产概述

　　自从人类工业化革命以来尤其是近几十年，大量的温室气体被排放到大气中，直接导致了气候变暖、冰山融化、海平面上升、气候恶化等严重问题。气象与自然灾害的频频发生不仅给全球各国经济带来了巨大的损失，而且对人类的生活及生存也造成了极大的威胁。全球气候变化成为人类当前面临的最严峻的环境问题之一，同时也受到了国际社会的广泛关注。近几十年，国际组织和各国政府都在积极开展活动以应对气候变化问题，主要活动如表 1-1 所示。

表 1-1　全球延缓气候变化活动[①]

时　　间	会　　议	相　关　内　容
1974 年	联合国第六次大会	要求世界气象组织（World Meteorological Organization，WMO）研究气候变化问题[②]
1979 年 2 月	第一次世界气候大会	通过《世界气候大会宣言》 成立了政府间气候变化专门委员会（Intergovernmental Panel of Climate Change，IPCC），专门负责全球气候变化问题有关事宜

---

　　①　雷立钧. 碳金融研究——国际经验与中国实践[M]. 北京：经济科学出版社，2012.

　　②　张永. 第一次世界气候大会和 IPCC 的诞生[N]. 中国气象报，2009-08-27. http://2011. cma. gov. cn/ztbd/qihoumeeting/beijing/200908/t20090827_43047. html.

续表

时　间	会　议	相　关　内　容
1990 年 12 月	联合国第四十五届大会	成立气候变化政府间谈判委员会（Intergovernmental Negotiation Commission, INC），负责制定为延缓气候变化的国际公约、组织政府间谈判 INC 在 1991 年 2 月—1992 年 5 月起草了《联合国气候变化框架公约》（*United Nations Framework Convention on Climate Change*, UNFCCC，以下简称《框架公约》）
1992 年 6 月	联合国环境与发展大会	153 个参会国家和区域一体化组织正式签署了《框架公约》
1997 年 12 月	《框架公约》缔约方第 3 次会议	通过了《京都议定书》（*Kyoto Protocol*, KP）
2001 年 12 月	《框架公约》缔约方第 7 次会议	通过了有关《京都议定书》履约问题的一揽子高级别政治决定，形成《马拉喀什协议文件》。该文件为京都议定书附件（一）缔约方批准《京都议定书》并使其生效铺平了道路
2005 年 11 月	《框架公约》缔约方第 11 次会议	"蒙特利尔路线图" 2005 年 2 月 6 日，《京都议定书》正式生效 启动《京都议定书》第二阶段温室气体减排谈判
2007 年 12 月	《框架公约》缔约方第 13 次会议	"巴厘路线图"[①]，开启"双轨"谈判
2009 年 12 月	《框架公约》缔约方第 15 次会议	通过了《哥本哈根协议》，但是大会未就 2012 年之后的全球减排行动、资金技术支持等方面达成共识
2011 年 12 月	《框架公约》缔约方第 17 次会议	决定启动一个新的进程即"德班增强行动平台"（ADP，简称"德班平台"）

① "巴厘路线图"是指：一方面，签署《京都议定书》的发达国家要履行《京都议定书》的规定，承诺 2012 年以后大幅度量化减排信用额；另一方面，发展中国家和未签署《京都议定书》的发达国家（主要指美国）则要在《框架公约》下采取进一步应对气候变化的措施。

续表

时 间	会 议	相 关 内 容
2012 年 12 月	《框架公约》缔约方第 18 次会议	"多哈气候通关"(Doha Climate Gateway)的一揽子决定,开启"单轨"谈判 从 2013 年 1 月 1 日起,执行《京都议定书》第二承诺期,为期 8 年。大会未在"绿色气候基金"的注资问题上取得实质性进展
2013 年 12 月	《框架公约》缔约方第 19 次会议	通过了"德班平台"、资金、损失损害补偿机制一揽子决议
2014 年 12 月	《联合国气候变化框架公约》第 20 次缔约方会议暨《京都议定书》第 10 次缔约方会议	一是重申各国须在 2015 年早些时候制定并提交 2020 年之后的国家自主决定贡献,并对 2020 年后国家自主决定贡献所需提交的基本信息做出要求 二是在国家自主决定贡献中,适应被提到更显著的位置,国家可自愿将适应纳入自己的国家自主决定贡献中 三是会议产出了一份"巴黎协议"草案,作为 2015 年谈判起草"巴黎协议"文本的基础
2015 年 12 月	《联合国气候变化框架公约》第 21 次缔约方大会暨《京都议定书》第 11 次缔约方大会	通过《巴黎协定》,协定将为 2020 年后全球应对气候变化行动做出安排

《京都议定书》是《联合国气候变化框架公约》下最重要的补充条款,其目标是"将大气中的温室气体含量稳定在一个适当的水平,进而防止剧烈的气候改变对人类造成伤害"。[①] 2005 年,《京都议定书》生效,把市场机制作为解决温室气体减排问题的新路径,即把二氧化碳排放权作为

---

① 京都议定书[EB/OL]. http://baike. baidu. com/view/41423. htm? fr=Aladdin.

一种商品,从而,在全球范围内以温室气体排放权为对象的交易市场也应运而生。

2005 年年初,欧盟开始建立欧盟排放交易体系(Europe Union Emission Trading Scheme,EU-ETS),为市场参与者提供交易平台,以实现碳资产价格发现、降低企业的碳减排成本并推动低碳经济的发展目标。碳交易机制的形成使碳排放从科学领域跨入金融领域,从而使碳排放权能通过交易市场在组织实体之间进行转换。对组织实体而言,碳排放权实质上成了一种特殊的资产。

由此可见,碳排放交易理论的基础是碳排放权,而当碳排放权与财务、金融挂钩后,这种权利就可视为一种有价产权,进而演变为一种特殊形态的资产,即碳资产(carbon asset)。[①]

1.1　碳资产的概念与内涵

根据由中国财政部制定,在 2006 年 2 月 15 日发布,自 2007 年 1 月 1 日起正式实施的《企业会计准则》(以下简称《准则》)中第二十条对资产定义的规定:"资产是指企业过去的交易或者事项形成的,由企业拥有或者控制的预期会给企业带来经济利益的资源。"由此可见,某种资源是否被确认为资产,首先须满足以下三大关键要素。

(1) 由企业过去的交易或事项形成的,包括购买、生产、建造行为或者其他交易事项。

(2) 企业对该资源具有所有权,或者虽然无所有权,但是对该资源有控制权。

---

① 林鹏.碳资产管理——低碳时代航空公司的挑战与机遇[J]. 中国民用航空,2010,(116):22.

（3）能够直接或者间接为企业带来现金或者现金等价物的流入。

同时，《准则》第二十一条规定："符合本准则第二十条规定的资产定义的资源，在同时满足以下条件时确认为资产：（一）与该资源有关的经济利益很可能流入企业；（二）该资源的成本或者价值能够可靠地计量。"

中南财经政法大学学者许凝青在《关于碳排放权应确认为何种资产的思考》一文中，从资产确认几大要素的角度对碳排放权的资产属性进行了详细的分析。[①]

（1）企业可以通过政府配额分配的方式，或者从其他企业或机构购买的方式获得碳排放权。因此，碳排放权是由企业在过去的交易或者事项中形成的。

（2）通过政府授予或者交易方式，企业对碳排放权获得了相应的所有权或者控制权。

（3）企业可以通过履约、转让或出售等方式直接或者间接获得经济收益。

（4）在进行履约转让或出售等活动中所发生的相关支出或成本是可计量的。

因此，碳排放权具备资产的所有要素，可被认定为"碳资产"。

本书认为：碳资产是指在强制碳排放权的交易机制或者自愿碳排放权的交易机制下，产生的可直接或间接影响组织温室气体排放的碳排放配额、减排信用额及相关活动。例如：

（1）在碳交易体系下，企业由政府分配的碳排放权配额。

（2）企业内部通过节能技改活动，减少企业的碳排放量。由于该行为使企业可在市场流转交易的碳排放权配额增加，因此，也可以被称为碳资产。

（3）企业投资开发的零排放项目或者减排项目所产生的减排信用

---

① 许凝青.关于碳排放权应确认为何种资产的思考[J].福建金融，2013，(8)：42.

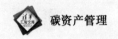

额,且该项目成功申请了国际减排机制项目或者中国核证自愿减排项目,并在碳交易市场上进行交易或转让,此减排信用额也可称为碳资产。

1.2　碳资产的属性

碳资产,作为一种环境资源资产①,具有稀缺性、消耗性和投资性的特点。同时,碳资产作为一种金融资产②,具有商品属性和金融属性。此外,碳资产还具有可透支性的特点。③

1.2.1　稀缺性

环境的容量是有限的。例如,须将大气中温室气体容量控制在有限的合理范围内,人类排放温室气体的行为便会受到限制,从而导致温室气体排放权(碳排放权)成为一种稀缺资源。同时,碳资产的稀缺性也促使碳资产成为一种有价商品。④ 碳资产的价值,可以通过直接进行碳资产交易和间接通过生产过程中的消耗这两种方式为企业产生经济利益。⑤

---

① 洪芳柏.企业碳资产管理展望[J].杭州化工,2012,(1):1.

② 许凝青.关于碳排放权应确认为何种资产的思考[J].福建金融,2013,(8):42.

③ 刘萍、陈欢.碳资产评估理论及实践初探[M].北京:中国财政经济出版社,2013:23.

④ 林鹏.碳资产管理——低碳时代航空公司的挑战与机遇[J].中国民用航空,2010,(116):23.

⑤ 张鹏.碳资产的确认与计量研究[J].财会研究,2011,(5):40.

1.2.2　消耗性

碳排放权,其最终的用途是被直接消耗或抵消消耗。虽然可能在市场上流通交易,但最后还是会被终端用户所使用。由此可见,碳资产的另一种属性便是消耗性。[①]

1.2.3　投资性

碳资产作为一种金融资产,可以在碳交易市场上融通,这便是碳资产投资性的体现。如今,欧盟的碳交易市场已经发展得比较成熟,其他区域性的碳交易市场,如美国加州碳交易体系和中国区域试点碳交易市场,也为碳资产的流通提供了更大的空间。[②]

1.2.4　商品属性

碳资产可作为商品在不同的企业、国家或其他主体间,进行买卖交易,因此可表现出其基础的商品属性。[③]

1.2.5　金融属性

碳资产交易行为具有一定的风险,如市场风险、操作风险、政策风险、项目风险等。为了防范风险以及维持减排投资的稳定性,一些金融工具也被逐渐开发出来,如碳期货、碳期权、碳掉期等。这些用于规避风

---

①　张鹏.碳资产的确认与计量研究[J].财会研究,2011,(5):40.
②　张鹏.碳资产的确认与计量研究[J].财会研究,2011,(5):40.
③　聂利彬,魏东.战略视角下企业碳资产管理[A].第六届(2011)中国管理学年会——组织与战略分会场论文集[C].2011. http://www.docin.com/p-465456479.html.

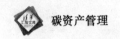

险或者金融增值的交易性碳资产也表现出金融属性的特征。①

1.3　碳资产的分类

碳资产,从不同的角度出发,可以分成不同的种类。碳资产主要可以通过两种方式进行分类。②

1.3.1　根据碳市场交易的客体分

根据碳市场交易的客体不同,碳资产可以分为碳交易基础产品和碳交易延伸产品。

1. 碳交易基础产品

碳交易基础产品也称碳资产原生交易产品,包括碳排放配额和碳减排信用额。根据国际会计准则理事会(International Accounting Standards Board,IASB)发布的解释公告(IFRIC 3),碳排放配额归为排污权的范畴,定义为"通过确定一定时期内污染物的排放总量,在此基础上,通过颁发许可证的方式分配排放指标,并允许指标在市场上交易。排放者可以从政府手中购买这种权利,也可以向拥有排放权的排放者购买,排放者相互之间可以出售或转让排放权"。③ 根据《京都议定书》,碳减排信用额是指"在经过联合国或联合国认可的减排组织认证的条件下,国家或企业以增加能源使用效率,减少污染或减少开发等方式减少碳排放,因此得到可以进入碳交易市场的碳排放量计量单位"。

---

① 乔海曙,刘小丽.碳排放权的金融属性[J].理论探索,2011,(3):62.
② 刘萍,陈欢.碳资产评估理论及实践初探[M].北京:中国财政经济出版社,2013:23.
③ IASB. IFRIC Interpretation No. 3,Emission Rights,2004.

2. 碳交易延伸产品

碳交易延伸产品包括碳交易衍生品、碳基金、碳交易创新产品等。曾刚、万志宏(2009)指出了五种碳交易衍生品,包括应收碳排放权的货币化、碳排放权交付保证、套利交易工具、保险/担保、与碳排放权挂钩的债券。[①] 王留之(2009)提出了几类碳资产相关的金融创新产品,主要是银行类碳基金理财产品、以核证减排量(CER)收益权为质押的贷款、信托类碳交易产品、碳资产证券化等。[②]

1.3.2 根据目前的碳资产交易制度分

根据目前的碳资产交易制度,碳资产可以分为配额碳资产和减排碳资产。[③]

1. 配额碳资产

配额碳资产,是指通过政府机构分配或进行配额交易而获得的碳资产,它是在"总量控制—交易机制"(cap-and-trade)下产生的。在结合环境目标的前提下,政府会预先设定一个期间内温室气体排放的总量上限,即总量控制。在总量控制的基础上,将总量任务分配给各个企业,形成"碳排放配额",作为企业在特定时间段内允许排放的温室气体数量,如欧盟排放交易体系下的欧盟碳配额(European Union Allowances,EUAs)、中国各碳交易试点下的配额等。

2. 减排碳资产

减排碳资产,也称为碳减排信用额或信用碳资产,是指通过企业自身主动地进行温室气体减排行动,得到政府认可的碳资产,或是通过碳交易市场进行信用额交易获得的碳资产,它是在"信用交易机制"(credit-

① 曾刚,万志宏.国际碳金融市场:现状、问题与前景[J].中国金融,2009,(24).
② 王留之,宋阳.略论我国碳交易的金融创新及其风险防范[J].现代财经,2009,(6):30-34.
③ 张鹏.碳资产的确认与计量研究[J].财会研究,2011,(5):40.

trading)下产生的。在一般情况下,温室气体控排企业/主体可以通过购买减排碳资产,用以抵消其温室气体超额排放量,如清洁发展机制(Clean Develoment Mechanism,CDM)下的 CER、中国自愿减排机制下的核证自愿减排量(China Certified Emission Reducation,CCER)。

1.4 碳资产交易市场——碳市场

简单来讲,碳市场就是碳排放配额或碳减排信用额交易的市场。在碳交易市场中,存在两类交易行为:配额或信用额的基础交易行为和在碳交易市场体系下孵化出的碳金融行为。

1.4.1 全球碳金融市场的基础交易行为——碳交易

据前文所述,碳交易是为促进全球温室气体减排,减少全球温室气体排放所采用的市场机制。目前,全球碳交易还不是一个成熟、完善的市场,多个标准并存,同时存在一定的关联。碳交易作为未来低碳经济的一个重要领域,许多国家或地区都纷纷建立了自己的碳交易体系。

目前,在全球处于主导碳交易市场体系的是 EU-ETS,其次是中国的区域性碳市场——"七个碳交易试点"。在全球范围内,较为活跃的碳市场交易体系主要有美国加利福尼亚州(简称加州)温室气体总量控制与交易体系(California Climate Action Reserve,CCAR)。其他的交易体系还有澳大利亚新南威尔士州温室气体减排计划(New South Wales Greenhouse Gas Abatement Scheme,NSW GGAS)、美国区域温室气体减排计划(Regional Greenhouse Gas Initiative,RGGI)、西部气候倡议(Western Climate Initiative,WCI)和中西部地区温室气体减排协议

(Midwestern Greenhouse Gas Reduction Accord,MGGA)、新西兰减排交易体系(The New Zealand Emissions Trading Scheme,NZ ETS)、美国芝加哥气候交易所(Chicago Climate Exchange,CCX)。CCX 是一个自愿加入、强制减排的单边强制市场。本书将对以下较为活跃的三大碳交易体系进行简单的介绍。

1. 欧盟排放交易体系

欧盟排放交易体系,是以欧洲议会和理事会于 2003 年 10 月 13 日通过的欧盟 2003 年第 87 号指令(Directive 2003/87/EC)为基础,并于 2005 年 1 月 1 日开始实施的温室气体排放权交易体系。

欧盟委员会根据《京都议定书》规定了欧盟各成员国减排目标,同时制定了欧盟内部减排量分配协议,确定了各成员国的温室气体排放量,之后再由成员国根据国家分配计划(National Allocation Plan,NAP)分配给该国的企业。

欧盟范围内的碳交易所主要有位于荷兰阿姆斯特丹的欧洲气候交易所(Europe Climate Exchange,ECX)、位于法国巴黎的 BlueNext 交易所、位于德国莱比锡的欧洲能源交易所(Europe Energy Exchange,EEX)和位于奥斯陆的北欧电力交易所(Nordpool)等。截至 2013 年,欧盟排放交易体系是世界上最大的温室气体排放权交易市场,涉及欧盟 28 个成员国以及冰岛、挪威和列支敦士登,超过 1.1 万个工业温室气体排放实体,成为全球温室气体排放权交易发展的主要动力。

欧盟排放交易体系主要分为三个阶段实施,具体如表 1-2 所示。第一阶段是试验阶段,从 2005—2008 年;第二阶段是京都阶段,从 2009—2012 年;第三阶段从 2013—2020 年。

自 2013 年 1 月 1 日起,欧盟排放交易体系进入了第三阶段(2013—2020 年)。在第三阶段内,欧盟温室气体排放总量每年以 1.74% 的速度下降,以确保 2020 年温室气体排放量与 1990 年相比,至少降低 20%。与前两个阶段相比,第三阶段的政策主要有三个方面的调整:①排放上限和配额将由欧盟统一制定与发放;②有偿拍卖将取代无偿分配,拍卖

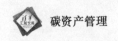

配额的比例将会逐年增加;③扩大排放配额的使用领域,将更多的行业纳入配额限制范围。

表 1-2　EU-ETS 三个阶段对比

	试 验 阶 段	第 二 阶 段	第 三 阶 段
参与国	25 个成员国	27 个成员国①以及冰岛、挪威、列支敦士登	28 个成员国②以及冰岛、挪威、列支敦士登
总量	京都承诺目标的 45%;各成员国总量通过 NAP 自行决定	在 2005 年基础上,各成员国平均减排 6.5%,NAP 评估强调"一致、公平和透明"	2020 年之前,在 1990 年基础上减排 20%;取消 NAP,实施统一的减排总量控制;排放上限的设置参照第二阶段发放配额数量的年平均值,然后每年线性递减 1.74%
覆盖行业	燃烧设施(电力或其他)热量输入大于 20MW;燃油、黑色金属生产加工、水泥生产(产能大于 500 吨/天)、石灰生产(产能大于 50 吨/天);陶瓷、砖、玻璃、纸袋、造纸和纸板生产(产能大于 20 吨/天)	覆盖欧盟范围内 11 000 家设施;总排放量接近欧盟 CO_2 排放量的一半,约占工业设施温室气体总排放量的 40%	电力行业,高能耗工业,航空业,硝酸、乙二酸等制造业及制铝业;覆盖欧盟近 45% 的温室气体排放
控制气体	CO_2	CO_2	CO_2、N_2O、PFCs

---

　　① 欧盟 27 个成员国包括奥地利、比利时、保加利亚、塞浦路斯、捷克、丹麦、爱沙尼亚、芬兰、法国、德国、希腊、匈牙利、爱尔兰、意大利、拉脱维亚、立陶宛、卢森堡、马耳他、波兰、葡萄牙、罗马尼亚、斯洛伐克、斯洛文尼亚、西班牙、瑞典、荷兰和英国。
　　② 欧盟 28 个成员国除原 27 个成员国外,新增了克罗地亚。

续表

	试 验 阶 段	第 二 阶 段	第 三 阶 段
配额	免费,分散(成员国自行分配,NAP);最多可拍卖 5% 的排放许可	最多可拍卖 10% 的排放许可;电力行业不能免费得到全部配额	逐渐实现 100% 拍卖
储备	不可储备至第二阶段;但是建立新进入者储备	允许,可适用至第三阶段	—
CDM/JI 抵消	无	允许使用;10%	只允许使用来自最不发达地区的 CER,其他发展中国家须与欧盟签订协议,才能出口基于能效与可再生能源项目的减排信用
惩罚	40 欧元/吨	100 欧元/吨	—

2. 中国碳交易试点

中国虽然不承担强制减排义务,但作为全球最大的温室气体排放国,节能减排具有道义与现实的双重意义。中国在 2009 年哥本哈根气候大会前夕做出的承诺和《"十二五"规划纲要》指出,"即到 2015 年,中国的碳强度和能源消耗强度在 2010 年的水平上分别下降 17% 和 16%;到 2020 年,碳强度要比 2005 年降低 40%~45%"。2016 年,在《巴黎协定》的框架之下,中国提出了有雄心、有力度的国家自主贡献的四大目标。

第一,到 2030 年,中国单位 GDP 的二氧化碳排放,要比 2005 下降 60%~65%。

第二,到 2030 年,非化石能源在总的能源当中的比例,要提升到 20% 左右。

第三,到 2030 年左右,中国二氧化碳的排放要达到峰值,并且争取尽早地达到峰值。

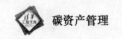

第四,增加森林蓄积量和增加碳汇,到 2030 年中国的森林蓄积量要比 2005 年增加 45 亿立方米。

2013 年可以说是中国区域碳交易市场发展的元年。在"十二五"规划中,中国明确提出"要逐步建立碳排放权交易市场"。在初始阶段,中国选定了七个省市作为碳市场机制建设的试点地区。7 个试点地区均采用了类似 EU-ETS 的制度设计,即总量控制下的排放权交易,同时也接受来自国内碳减排项目产生的核证自愿减排量(CCER)。

2013 年 6 月 18 日,深圳市碳排放权交易正式上线。在随后的半年里,上海、北京、广东、天津的碳交易试点也纷纷开锣。湖北与重庆,在 2014 年启动碳交易。同时,国家发展改革委着手开始了中国自愿减排项目的申报、审定、项目备案、减排量备案等工作。这些努力,为建设未来全国统一碳市场打下了基础。

七大碳交易试点的碳配额通常占其地区内二氧化碳排放总量的 35%~60%,涉及电力、钢铁、水泥和石化等重工业行业。不同试点所纳入行业的差异也显而易见:湖北、广东和天津试点由于区域内工业企业较多,因此纳入门槛也相对较高;而北京和深圳的服务业因占经济比重较大,也被纳入碳排放交易中,其覆盖范围还将逐步扩大到交通排放源方面。

除碳排放配额交易外,中国区域碳市场还设计了碳减排信用额交易作为补充。中国自愿减排项目可产生 CCER,用于抵消部分碳排放,帮助企业更经济灵活地完成减排目标。

据公开渠道消息报道,中国全国碳市场将于 2017 年年底前正式启动。

3. 加州碳交易体系

2006 年,美国加州州长签署通过了《全球气候变暖解决方案法案》(Assembly Bill 32, *Global Warming Solutions Act of* 2006, AB 32)。该项法案要求加州范围内的温室气体排放在 2020 年恢复到 1990 年排放的水平,2050 年排放比 1990 年排放减少 80%。加州碳交易体系由此产生。

　　加州碳交易机制分为三个履约期。第一个履约期为 2013—2014 年,第二个履约期为 2015—2017 年,第三个履约期为 2018—2020 年。加州的配额称为 California Carbon Allowance (CCA),政府将每年分配的配额数量称作"配额预算",2013 年的配额预算为 1.628 亿吨,2014 年在 2013 年的基础上减少 2%,为 1.597 亿吨,2015 年考虑到所纳入的新行业,配额预算增加到 3.945 亿吨,2015—2020 年配额预算每年减少 1 200 万吨,到 2020 年减少为 3.342 亿吨。

　　该交易体系正式启动于 2013 年,将州内年度碳排放量超过 25 000 吨的电力、石油和工业企业囊括其中,覆盖了全州总排放的 50%,并于 2015 年,进一步扩大至 85%,成为除 EU-ETS 之外,覆盖范围最广的碳交易体系。

　　1) 配额分配与拍卖机制

　　加州空气资源委员会(Air Resources Board, ARB)出于减少对消费者的影响,尤其对低收入消费者的影响,保证市场的流动性,维护公平竞争环境,防止排放泄漏,鼓励企业参与等考虑,采取了配额免费分配和拍卖相结合的方式。目前,加州全年的配额预算有以下三种分配路径。

　　(1) 直接分配(direct distribution)。考虑到不同行业,甚至同一行业的不同企业对于减排成本的转嫁能力以及承担排放泄漏风险的能力不同,且为了保护广大电力消费者的利益,ARB 会直接免费分配配额给受控的部分工业设施和配电公用事业单位。2013 年度,总共有 53 894 995 个免费配额分配至 139 个控排企业单位。

　　(2) 配额价格控制储备(allowance price containment reserve)。进入配额价格控制储备的配额数量是逐年递增的。2013—2014 年度,为配额总预算的 1%;2015—2017 年度,为配额总预算的 4%;2018—2020 年度,为配额总预算的 7%。只有履约实体才能参与购买出售的储备配额。储备机制保证每年会有一定量的配额以固定价格出售,这实际上相当于给加州市场设置了一个软性的价格天花板,用以调控配额价格。

　　(3) 拍卖(auction)。拍卖会每季度举办一次,时间通常安排在每个

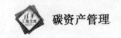

季度的第二个月的第 12 个工作日。通常,当年配额预算的 10％将被拍卖;若分配后仍有剩余,剩余配额也将进入拍卖配额预算。

在参与者限制上,ARB 规定,除经认可的碳抵消注册机构、第三方审核机构及第三方审核员以外,受控实体(covered entity)、选择性受控实体(opt-in covered entity)、大部分相关自愿性实体(voluntarily associated entities,VAEs)(除去为交易所提供结算业务的 VAE)都可参与拍卖活动。参与者一般有两个账户:履约账户(compliance account)和持有账户(holding account)。履约账户里的配额只能用于履约,持有账户里的配额才可以用来买卖。

2)抵消与连接机制

在加州的碳排放交易体系中引入"碳抵消"机制。加州空气资源委员会目前已经批准了四类"碳抵消"项目:林业、城市林业、家畜粪肥和消耗臭氧层物质,且抵消项目须来自美国、加拿大或墨西哥。合格的碳减排信用额须满足六个标准:具有额外性、强制性、真实性、永久性、可量化和可核证特点。受控实体的碳减排信用额使用比例不能超过其全部履约义务的 8％。

从 2014 年 1 月 1 日起,加州碳市场已与加拿大魁北克省的碳市场正式连接。由于魁北克省 2020 年的排放目标是在 1990 年的基础上减少 20％,较之加州更为激进,在两个市场连接后,魁北克是碳排放配额的净买家,CCA 的价格会相应得到提高。同时,两个市场的连接成功,将对未来与北美其他地区的区域性碳市场的连接,提供示范与指导作用。

1.4.2　全球碳排放市场的交易创新—— 碳金融

发展低碳经济的金融创新,通常被国外学者称为"可持续金融"(sustainable finance)、"绿色金融"(green finance)、"环境金融"(environmental finance)、"碳金融"(carbon finance)等。碳交易市场的出现直接促进了碳信用及其衍生品的诞生和活跃,逐步形成了碳金融。

何为碳金融?目前,全球对"碳金融"并无统一的概念。

1. 碳金融的内涵

"碳金融"的兴起源于国际气候政策的变化以及两个具有重大意义的国际公约——《联合国气候变化框架公约》和《京都议定书》。

Sonia Labatt 和 Rodney R.White 在 2007 年出版的 *Carbon Finance :the Financial Implications of Climate Change* 一书中,阐述了碳金融的内涵,认为"Carbon finance explores the financial implications of living in a carbon-constrained world-a world in which emissions of carbon dioxide and other greenhouse gases carry a price",即"碳金融探讨生活在一个碳限制世界,一个排放二氧化碳及其他温室气体必须付出代价的世界中产生的金融问题"[①]。同时,书中对碳金融进行了三个层面的定义:①碳金融代表环境金融的一个分支;②碳金融探讨的是与碳排放限制社会相关的财务风险和机会;③预计会产生相应的基于市场的工具,用来转移环境风险和完成环境目标。[②] 而此书也是全球第一本系统探索和阐述碳金融的专著。

国际碳基金研究课题组认为:"碳金融是以市场化方式应对气候变化的各种金融手段的统称。从广义上讲,碳金融包括了碳金融市场体系、碳金融组织服务体系和碳金融政策支持体系等支持全球温室气体减排的金融交易活动和交易制度。"[③]碳金融的框架体系具体如图 1-1 所示。

国际性的或者区域性的法律法规是碳金融体系的最高层,需要有明确的温室气体总量控制目标,碳排放配额的初始分配方案以及碳交易市

① [美]拉巴特·怀特.碳金融:碳减排良方还是金融陷阱[M].王震,王宇,译.北京:石油工业出版社,2010:3.

② Sonia Labatt, Rodney R. White. Carbon Finance: the financial implications of Climate Change[M]. New Jersey:John Wiley&Sons,INC. ,2007:11-22.

③ 碳基金课题组.国际碳基金研究[M].北京:化学工业出版社,2013:10.

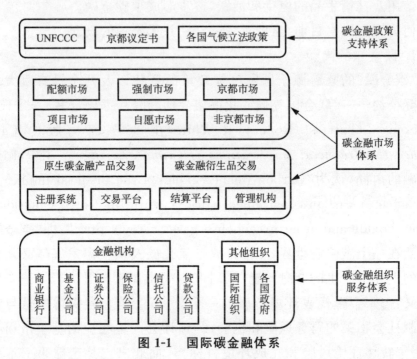

图 1-1　国际碳金融体系

场的规则。碳金融获得政策支持后,便会形成交易市场结构、交易机制、交易单位和参与主体等,即碳金融的市场体系。碳金融的发展除了需要政策支持、市场构建外,同时还需要金融机构和组织开展各种金融活动以及提供碳金融产品与服务的创新。

本书认为碳金融是指服务于旨在减少温室气体排放的各种金融制度安排和金融交易活动,主要包括碳排放权及其衍生品的交易和投资、低碳项目开发的投融资以及其他相关的金融中介活动。

碳金融可以分为四个层次:贷款类碳金融,主要是指银行等金融中介对低碳进行的投融资。资本类碳金融,主要是指针对低碳项目的风险投资以及在资本市场的上市融资。交易类碳金融,是指碳排放权的实物交易。风险控制类碳金融,主要是指碳排放权和其他碳金融衍生品的交易和投资。^① 前三个层次为传统意义上的碳金融,第四个则是对传统碳金融产品的衍生或衍生组合。^②

2. 碳金融的发展特征

"碳金融"最早起源于欧洲国家。欧盟碳排放交易体系建立,在欧盟政府制定了相关的政策以及设计了法律框架,其区域内的企业主体、银行机构等参与者从自身的利益角度出发参与到碳金融市场中来。随着碳市场的快速发展,全球碳交易体系不断完善,交易模式、制度、产品等基本元素逐渐成熟化和体系化。^③ 以欧盟碳排放交易体系为核心的全球碳金融主要呈现以下特征。

(1)市场参与主体广泛。发达国家的"碳金融"参与主体非常广泛,既包括政府主导的碳基金、私人企业、交易所,也包括国际组织(如世界银行)、商业银行和投资银行等金融机构,甚至还包括个人投资者。

(2)"碳金融"产品种类多样化:从场外交易到场内交易,从现货交易到衍生品交易。基础的碳交易产品主要有国际排放交易体系的 AAU、欧盟排放交易体系的 EUA、联合履约机制下的 ERU、清洁发展机制下的 CER 等。在欧盟碳排放交易体系的各交易所还有从 ERU 和 CER 基础产品上衍生出来 ERU 或 CER 的期货交易、期权交易以及 EUA-CER 价差交易。同时,各类政府性碳基金或机构性碳基金也积极参与到碳交易市场中来。

(3)初始市场交易活跃,但不稳定性也开始出现。自 2005 年,在《京都议定书》框架机制的推动下,全球碳交易的配额市场和项目市场逐步形成,并出现了爆炸性增长。即使在 2008 年美国次贷危机引发全球经济衰退和金融危机的情况下,全球碳交易市场依然保持强劲的增长态势,全年交易额达 1 263 亿美元左右,涨幅惊人。在 2008 年之后,2010 年

---

① 中国碳金融发展现状及前景探讨[OL]. http://wenku. baidu. com/view/dab65b6fa45177232f60a2a1. html.

② Philip Kotler,Nancy Lee. 企业的社会责任[M]. 北京:机械工业出版社,2006:35-46.

③ 碳基金课题组. 国际碳基金研究[M]. 北京:化学工业出版社,2013:14.

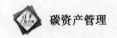

的交易额总量增加率为负。同时,随着《京都议定书》第一承诺期临近,加之京都碳交易机制在国际政策方面的不确定性,整个碳金融市场正处于低迷阶段。

(4)市场机制建设相对完善。欧盟碳排放交易体系自 2005 年就开始试运行,已经历了试验阶段和京都阶段,自 2013 年 1 月 1 日步入了第三阶段。前两个阶段的发展为第三阶段的运行提供了不少经验,欧盟委员会也不断进行机制创新,以"拯救"欧盟碳交易市场。

第 2 章
国内配额碳资产

2.1　国内碳交易市场总设计

2.1.1　背景

2013 年是中国碳交易元年。目前，中国碳交易市场正在稳步向前推进，相关重要政策如表 2-1 所示。

表 2-1　与碳交易市场建立相关的政策汇总

时　　间	文 件 名 称	主 要 内 容
2011 年 10 月 29 日	《国家发展改革委办公厅关于开展碳排放权交易试点工作的通知》	批准北京、天津、上海、重庆、湖北、广东和深圳七省市开展碳交易试点工作

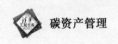

时　　间	文件名称	主　要　内　容
2014 年 9 月 19 日	《国家应对气候变化规划（2014—2020 年）》	明确提出研究全国碳排放总量控制目标地区分解落实机制，制订碳排放交易总体方案，明确全国碳排放交易市场建设的战略目标、工作思路、实施步骤和配套措施等。到 2020 年，中国低碳试点示范要取得显著进展，国际交流合作要广泛开展，加快建立全国碳排放权交易市场
2014 年 12 月 10 日	《碳排放权交易管理暂行办法》①	该管理办法主要是框架性文件，明确了全国碳市场建立的主要思路和管理体系
2016 年 1 月	《关于切实做好全国碳排放权交易市场启动重点工作的通知》	明确了参与全国碳市场的八个行业。第一阶段将涵盖石化、化工、建材、钢铁、有色金属、造纸、电力、航空等八大行业的重点排放企业
2016 年 3 月	《碳排放权交易管理条例》	被国务院办公厅列入立法计划预备项目
2016 年 10 月 23 日	《"十三五"控制温室气体排放工作方案》	加快推进绿色低碳发展，确保完成《十三五规划纲要》确定的低碳发展目标任务，推动我国二氧化碳排放于 2030 年左右达到峰值并争取尽早达峰。到 2020 年，单位国内生产总值二氧化碳排放比 2005 年下降 18%，碳排放总量得到有效控制
2016 年 11 月 1 日	《中国应对气候变化的政策与行动 2016 年度报告》	2017 年中国要启动全国碳市场
2016 年 12 月	关于发布《绿色发展指标体系》《生态文明建设考核目标体系》的通知	将碳减排纳入生态文明建设考核目标体系

---

① 《碳排放权交易管理暂行办法》具体内容见附录 A。

从表 2-1 中可以看到,中国碳交易已经从最初的准备阶段逐步进入了全面启动阶段,我国已经在运用市场机制推动绿色经济和低碳发展方面迈出了坚实的一步,为缓解气候变化做出了又一积极有益的探索和制度创新,为建立全国碳排放交易市场起到了很好的借鉴作用。到 2020 年,中国不但要建立全国碳交易市场,而且还要积极开展国际交流合作。

2.1.2 中国建立碳交易市场的必要性

1. 经济转型发展的需要

高污染、高排放和高耗能下的粗放型经济增长是我国历史经济增长的主要特征。工业化和城市化的快速发展,使我国对能源需求不断增加,给能源供应造成了很大压力,严重制约了我国的可持续发展。根据 BP 石油公司的《2017 世界能源统计年鉴》,2016 年中国能源消费增长 1.3%,与 2015 年 1.2% 的增长水平相近,是近 20 年来增速的最低水平。尽管如此,能源消费的绝对增量仍使中国成为连续 16 年全球最大的能源增长市场。我国如果要实现可持续发展,必须调整能源和产业结构,通过市场手段激励企业自主创新,提高能源利用率,减少排放,提高可再生能源使用比例,走低碳发展之路。

2. 环保政策体系的需要

我国现阶段环境改造和治理成本较大,推进碳排放交易体系的实施与环境改造和治理有协同效应。通过行政手段和市场手段相结合,可以刺激企业以最优成本方案实现节能减排和环境保护,优化社会资源配置,达到国家整体环境改善的目的。

3. 应对国际碳金融竞争的需要

碳金融是环境金融的一部分,是用来完成环境目标和转移环境风险的金融工具。国际碳金融竞争的实质就是各参与方希望通过发展碳金融,掌握未来碳交易的国际定价权。

欧盟碳交易市场现货和碳衍生品主要计价结算货币是欧元,随着各

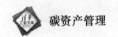

国在碳交易市场参与度的提高,日本、澳大利亚等国正试图提升本国货币在碳交易市场体系中的地位,将本国货币与碳交易挂钩。目前,我国碳金融体系还不健全,碳交易议价能力比较弱,建设有中国特色的碳交易市场,构建碳金融体系将有助于我国在本币国际化中掌握更多的筹码,是我国争取低碳经济制高点的关键一步。另外,2017 年 6 月 1 日,美国总统特朗普宣布退出巴黎气候变化协定,中国作为一个负责任的大国,不会受其影响,中国会继续坚持走低碳发展之路,采取积极的有助于经济发展的友好气候政策,力求未来能够在低碳领域形成新的全球竞争优势。

2.1.3 国家开展碳交易对企业的意义

政府建立碳交易市场的初衷是通过利用企业实施节能减排措施与购买碳排放权之间的成本差异,使纳入的控排企业以较低成本实现减排,同时有效控制区域性碳排放总量。对纳入管理的企业而言,中国碳市场的建立是一次新机遇,能为企业带来如下好处:

- 企业通过节能改造或淘汰落后产能实现减排和降耗,不仅可顺利完成履约,同时还可以降低企业单位产能的能耗成本,增强企业竞争力;
- 对于富余的碳排放配额,企业可通过碳交易方式实现额外收益;
- 借鉴欧洲相对成熟的碳交易市场经验,进行碳资产质押申请银行贷款,为企业实现融资提供新途径。

企业应尽早做准备,结合自身经验,加强对外交流学习,重视团队碳管理能力建设,以便在全国碳交易市场开展之际掌握主动权,获得企业竞争优势。企业参与碳交易市场或许初期会增加成本,但长期看来更多的将是因顺应国家政策而获得收益。

2.1.4 国家碳交易体系的主要目标和路线图

建立国家碳交易体系的主要目标包括:通过给参与企业设定排放上

限,推行碳排放配额管理实现合理控制重点行业温室气体排放;通过建立经济有效的交易制度体系达成减排目标;在加强政府监管的前提下,以市场为主导通过碳排放交易体系发现和形成排放配额价格,赋予企业实现减排目标的灵活机制,激励企业有效降低减排成本;切实落实各项温室气体减排任务,从而推动发展方式转变,促进经济、产业和能源结构调整,降低全社会的整体减排成本,有效控制温室气体排放,最终实现经济和社会健康持续发展。

中国的碳交易体系建设具有空间跨度大、建立时间短等特点,需要不断摸索、实践、总结、改正、再实践、再总结和再改正的循环系统,是有步骤、分阶段建立起来的,国家碳交易体系建立的路线如表2-2所示。

表 2-2　国家碳交易体系建立的路线

阶　段	时　间	目　标
准备阶段 (试点阶段)	2013—2016 年	法律法规、技术标准和基础设施建设,增强全国层面的能力和意识培养
攻坚阶段	2016—2017 年	推进立法、出台细则、历史数据盘查、分配方案
运行完善 阶段	2017—2020 年	全面启动国家碳排放交易体系,并通过实施不断完善
拓展阶段	2020 年以后	扩大参与企业范围和交易产品,探索与国际市场连接,增强我国碳金融和服务水平的国际竞争能力

2.2　试点省(市)碳交易体系建设

在试点正式运行之前,七试点都快速完成了各试点省市法律法规的

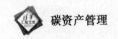

制定,确定了总量控制目标、覆盖范围和配额分配方法,建立了温室气体监测、报告、核查(monitoring、reporting and verification,MRV)机制、交易和管理制度、违约罚则以及抵消管理办法等。

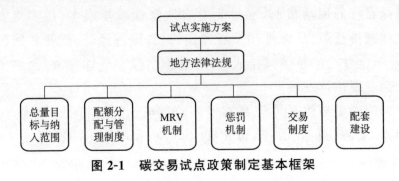

图 2-1 碳交易试点政策制定基本框架

2.2.1 法律法规

任何一个市场如要得到持续的发展,就必须有强有力的法律作为支持。以中国的二氧化硫排放权交易试点为例,如果没有相应的法律法规体系,交易将严重缺乏执行力,市场就无法稳步推进。

在中国碳试点初期,除了最初的 2 省 5 市外,在 2016 年四川省和福建省也纷纷启动了碳交易业务,四川省交易产品暂时仅涉及 CCER,福建省交易产品涉及配额和 CCER。虽然还没有统一的国家层面的立法,但是 8 个以开展配额交易的省市(以下简称为各试点或八试点)已分别出台了针对碳交易的地方性法律法规、政府文件等,并取得了一定成效。其中,北京市和深圳市都由市人大出台了地方性法规或决定;上海市、深圳市、福建省和广东省分别以市长令、市政府令和省长令的形式发布了政府规章性质的管理办法;湖北省和重庆市由当地政府部门发布了实施方案和管理办法。天津市由市政府办公厅印发了《碳排放权交易管理暂行办法》,属于规范性文件。综上可以看出,要建立国家碳排放交易体系,必须先建立健全碳排放权相关法律法规体系,对国内碳排放总量出台具有强制性约束力的法律文件,国内碳试点已出台的主要法律法规相关文件详见附录 B。

2.2.2 总量目标与覆盖范围

八试点已分别给出了"十三五"规划期间碳减排目标,各试点的碳减排目标均高于同期全国目标(见表2-3)。

表2-3 "十三五"规划期间各试点地区的减排目标

地　区	碳　排　放　目　标
广东 (含深圳)	到2020年能源消费总量控制在3.38亿吨标准煤以内,单位GDP能耗比2015年下降17%,非化石能源比重达到26%
上海	能源消费总量净增量控制在970万吨标准煤以内,2020年能源消费总量控制在1.235 7亿吨标准煤以内;二氧化碳排放总量控制在2.5亿吨以内;单位生产总值能耗和单位生产总值二氧化碳排放量分别比2015年下降17%、20.5%
北京	到2020年,全市能源消费总量控制在7 651万吨标准煤以内,万元地区生产总值能耗比2015年下降17%。二氧化碳排放总量达到峰值并争取尽早实现,万元地区生产总值二氧化碳排放比2015年下降20.5%。全市煤炭消费总量控制在900万吨以内,优质能源消费比重达到90%以上,新能源和可再生能源比重提高到8%以上
天津	到2020年,单位地区生产总值二氧化碳排放比2015年下降20.5%。到2020年,全市能源消费总量不超过9 300万吨标准煤,单位地区生产总值能源消费比2015年下降17%
湖北	到2020年,单位地区生产总值二氧化碳排放比2015年降低19.5%,单位地区生产总值能源消耗比2015年降低16%
重庆	到2020年,全市单位地区生产总值二氧化碳排放比2015年下降19.5%以上。2030年之前全市碳排放总量达到峰值
福建	到2020年,单位地区生产总值二氧化碳排放(以下简称碳排放强度)比2015年下降19.5%,强化能源消费总量和强度约束。到2020年,一次能源消费量控制在1.45亿吨标煤,煤炭占一次能源消费比重下降到41.2%,非化石能源消费比重提高到21.6%,清洁能源比重提高到28.3%

在碳交易市场的排放总量控制目标和覆盖范围方面,八试点以国家控制温室气体排放的约束性指标为依据,分别结合各试点"十三五"规划期间的碳减排目标、经济增长目标及能源消耗总量目标,通过"自上而下"和"自下而上"相结合的方式进行碳交易市场排放总量的确定。八试点的碳交易配额涉及电力、钢铁、水泥和石化等重工业行业。湖北、广东、福建和天津试点作为工业大省市,纳入排放标准相对较高,纳入企业数量较少;而北京和深圳服务业占经济比重较大,纳入排放标准较低,纳入单位数量较多;上海则覆盖了交通运输业。

在纳入的温室气体选择方面,八试点中仅有重庆将二氧化碳、甲烷、氧化亚氮、氢氟碳化物、全氟化碳、全氟化硫6种温室气体纳入了交易范围,其余7个省市仅包括了二氧化碳一种气体。各试点总量目标与覆盖范围如表2-4所示。

表2-4 各试点总量目标与覆盖范围

试点省市	2016年配额总量	纳入门槛	纳入企业类型	纳入企业数量	覆盖气体
深圳	0.33亿吨[①]	任意一年3 000吨二氧化碳当量以上的企业;大型公共建筑和建筑面积达1万平方米以上的国家机关办公建筑的业主	电力、石化、化工、钢铁、有色金属、造纸、建材、港口、地铁等	原有的578家管控单位及新增的246家管控单位,共计824家管控单位	二氧化碳
上海	1.55亿吨(含直接发放配额和储备配额)	工业领域中年综合能源消费量1万吨标煤以上(或年二氧化碳排放量2万吨以上),以及已参加2013—2015年碳排放交易试点且年综合能	8大行业和8大行业外的商场、宾馆、商务办公、机场等建筑	356家	二氧化碳

---

① 共计发放配额总量约1亿吨:2013年和2014年每年3 300多万吨,2015年3 400多万吨。

试点省市	2016 年配额总量	纳入门槛	纳入企业类型	纳入企业数量	覆盖气体
		源消费量在 5 000 吨标煤以上的(或年二氧化碳排放量在 1 万吨以上的)重点用能(排放)单位;交通领域中航空、港口行业年综合能源消费量在 5 000 吨标煤以上(或年二氧化碳排放量在 1 万吨以上),以及水运行业年综合能源消费量在 5 万吨标煤以上的(或年二氧化碳排放量在 10 万吨以上的)重点用能(排放)单位;建筑领域(含酒店、商业)年综合能源消费量在 5 000 吨标煤以上(或年二氧化碳排放量在 1 万吨以上)且已参加 2013—2015 年碳排放交易试点的重点用能(排放)单位			
北京	4 600 万吨	行政区域内的固定设施年二氧化碳直接排放与间接排放总量 5 000 吨(含)以上的单位;或本市行政区域内的年二氧化碳直接排放与间接排放总量 5 000 吨(含)以上的城市轨道交通运营单位和公共电汽车客运单位	热力生产和供应,火力发电,水泥制造,石化生产,服务业及其他工业企业	947 家	二氧化碳

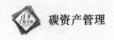

续表

试点省市	2016年配额总量	纳入门槛	纳入企业类型	纳入企业数量	覆盖气体
广东	3.86亿吨①	年排放2万吨二氧化碳（或年综合能源消费量1万吨标煤）及以上的企业	电力、钢铁、石化、水泥、航空、造纸等	189家+29家新增	二氧化碳
天津	1.60亿吨	2009年以来排放二氧化碳2万吨以上的企业或单位	钢铁、化工、电力、热力、石化、油气开采	109家+41家新增	二氧化碳
湖北	2.53亿吨	石化、化工、建材、钢铁、有色金属、造纸和电力七大行业中2013—2015年任意一年综合能耗1万吨标煤及以上企业；还包括2013—2015年任意一年综合能耗达到6万吨标煤以上的企业	电力、钢铁、水泥、化工等行业	236家	二氧化碳
重庆	1亿吨	2008—2012年任一年度排放量达到2万吨二氧化碳当量的工业企业	电解铝、电石、烧碱、水泥、钢铁	242家	二氧化碳、甲烷、氧化亚氮、氢氟碳化物、全氟化碳、全氟化硫共6种

① 控排企业配额3.65亿吨，储备配额0.21亿吨，储备配额包括新建项目企业有偿配额和市场调节配额。

试点省市	2016年配额总量	纳入门槛	纳入企业类型	纳入企业数量	覆盖气体
福建		2013—2015年中任意一年综合能源消费总量达1万吨标准煤以上(含)的企业法人单位或独立核算单位碳排放核查结果	电力、钢铁、化工、石化、有色金属、民航、建材、造纸、陶瓷9大行业	277家	二氧化碳

各试点碳市场的成功运行为2017年启动全国碳市场提供了宝贵经验并奠定了扎实的基础。在全国碳市场初期,按照先易后难的顺序,逐步把包含石化、化工、建材、钢铁、造纸、电力、有色金属、航空在内的8个重点工业纳入全国碳市场,力争在2020年时建立监管严格、流动性强、公开透明、交易活跃的全国碳市场,实现碳市场稳定、健康、持续地发展。

2.2.3 MRV制度

我国企业由于发展程度、管理意识和管理水平等各方面良莠不齐,因而对各企业基础数据的收集、整理和存档的水平也参差不齐,数据缺乏统一性、完整性和真实性。因此,企业在排放数据收集、监测和报告方面存在较多问题。

为有效落实《"十三五"规划纲要》,各试点在企业碳排放信息测量和核算方法方面都采用了不同的规则并发布了温室气体排放量化和报告规范及指南。其中,天津公布了包括电力热力、钢铁、化工、炼油和乙烯4个行业的排放核算指南以及一个综合型行业排放核算指南;上海市在2013年1月已制定完成了上海市纳入交易的9大重点排放行业的MRV指南;湖北发布了12个行业企业温室气体量化指南,在试点省市中数量最多;广东省制定了包括火力发电、钢铁、石化、水泥、民航和造纸行业的碳排放核算指南;重庆制定了部分行业的企业碳排放核算和报告指南;

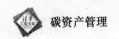

北京不但公布了热力生产、火力发电、水泥制造等企业的排放核算指南，同时还公布了其他服务业企业的排放核算指南。国家发展改革委共发布了 3 批共 24 个重点行业温室气体核算方法与报告指南。

在报送方面，各试点就报送频率、报送方式和报送时间等进行了详细的规定，如表 2-5 所示。

表 2-5   各试点报告报送和履约时间

试点省市	提交碳排放报告和核查报告			履约
	年度报告	核查报告	报送方式	
深圳	3 月 31 日	4 月 30 日/5 月 10 日提交温室气体核查报告/统计核查报告	电子报送＋书面报送	6 月 30 日
上海	3 月 31 日	3 月 31 日（报送上一年度碳排放报告）4 月 30 日（核查报告）	电子报送＋书面报送	6 月 30 日
北京	3 月 30 日	3 月 30 日	电子报送＋书面报送	6 月 15 日
广东	3 月 15 日	4 月 30 日	电子报送＋书面报送	6 月 20 日
天津	4 月 30 日		电子报送＋书面报送	6 月 30 日
湖北	2 月份最后一个工作日前	4 月份最后一个工作日前	电子报送＋书面报送	6 月份最后一个工作日
重庆	2 月 20 日	4 月 30 日	电子报送＋书面报送	6 月 20 日
福建	2 月份最后一个工作日前	4 月 30 日	电子报送＋书面报送	6 月最后一个工作日前

为了保证企业提交碳排放报告的准确性和真实性，八试点分别列出了第三方机构名单，所列的第三方机构对试点企业提交的碳排放报告进行核查认证，并出具认证报告。八试点第三方审核机构准入门槛一般强

调了必须在试点内注册这一条件,另外还须具有相关领域的专业人员和业绩证明。北京、上海、湖北、福建和广东还提出了注册资金的要求(北京 300 万元以上,福建 500 万元以上,上海、湖北和广东要求不低于 1 000 万元)。

2.2.4 配额分配

中国处在高速发展阶段,因此企业在排放边界、生产规模和技术水平等方面都面临很大的变化,这就为配额分配带来了挑战。对此,各试点主要通过事前限定和事后调整两种途径进行尝试与探索。

八试点也对企业因增减设施、合并、分立及产量变化等因素导致碳排放量与年度碳排放初始配额造成重大差距的情况制定了灵活的调整机制。其中湖北规定碳排放量与年度碳排放初始配额相差 20% 以上或者 20 万吨以上二氧化碳的,应当向主管部门报告。主管部门应当对其碳排放配额进行重新核定。

在配额分配中除重庆采取企业自行上报,政府总量控制与企业博弈相结合的方法外,其他各试点则分别采取了祖父法、基准法和拍卖法,如表 2-6 所示,更多内容见附录 C。

表 2-6　碳试点初期各试点配额分配方式

		深 圳	上 海	北 京	广 东	天 津	湖 北
祖父法	基准年	不适用	2009—2011 年	2009—2012 年	2010—2012 年	2009—2012 年	2010 年、2011 年任一年
	适用行业	适用行业	不适用	工业(除电力)、公共建筑等	电力及热力、水泥、化工、其他工业和服务业	热电联产机组、水泥矿山开采工序、石化和短流程钢铁企业	电力及热力、钢铁、化工、石化和油气开采	电力行业之外的工业企业

续表

		深圳	上海	北京	广东	天津	湖北
基准法	基准年	不适用	2009—2011年	2009—2012年	2010—2012年	2009—2012年	2010年、2011年任一年
	适用行业	电力、水务、建筑、其他制造业和工业	电力、航空、机场和港口	新增设施	电力、水泥熟料生产、长流程钢铁企业	新增设施	电力
	根据实际产量调节	有	有	有	无	有	有
拍卖法	相关规定	采取非强制性拍卖	未规定	未规定	2013年为强制有偿拍卖,2014年改为企业自主参与拍卖	未规定	采取非强制性拍卖
	新增设施	基准法	基准法或预计产量及生产负荷率	基准法	基准法或能耗法	基准法	基准法

一、基准法重在行业选择

基准法适用于产品(服务)形式较单一、能够按单个产品(服务)确定排放效率基准的行业,这种方法最大的优点是体现了行业内的公平性,奖励先期减排工作;缺点在于较为复杂,需要收集关于历史活动水平的数据,需要大量工作和较多时间,对低能效企业压力过大。

二、祖父法被普遍应用

祖父法相对简易,只依靠历史排放数据,不需要更多的数据统计工作,能够减轻行业成本负担,进而保护行业竞争力,且不会对能耗落后企业造成过大压力。缺点在于奖励那些过去做减排工作最少的企业,有失公平,对于新加入的产能,不能很好地适用。

三、拍卖法仍需更多尝试

拍卖法被认为是最有利于价格发现的分配方式,同时,拍卖收入可投向低碳领域,从而带来"双重红利"。但因拍卖会增加企业的履约成本,其可接受度在市场建设初期并不高。比如,广东2013年的控排企业必须先有偿购买3%的配额才可以获得97%的免费配额,因此对于企业压力过大,尤其是对配额富裕的企业就成了一种负担。

2.2.5 登记注册系统

根据2014年12月11日最新发布的《碳排放权交易管理暂行办法》(发改委令第17号)第十六条内容可知,碳排放权交易注册登记系统(以下称注册登记系统)可用于记录排放配额的持有、转移、清缴、注销等相关信息。注册登记系统中的信息是判断排放配额归属的最终依据。

八试点发展和改革委等管理部门一般会将当年免费分配的配额分发到各控排企业登记簿账户中。登记簿账户与交易账户间可实现配额的划转,即控排企业可以使用登记簿获得配额,再转入到交易账户中售出获取利润,不过账户未来年度的配额量必须保持一定比例,比如上海要求未来年度的配额量不得低于该年度无偿取得配额量的50%;也可以使用交易账户在市场上购买碳排放配额,转到登记簿账户中实现碳排放配额的注销、履约等手续。控排企业均同时拥有配额登记簿账户和交易账户两个系统,而投资者只需拥有交易账户。个别地区可能略有不同,

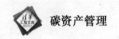

例如,天津的投资者可能也需要登记簿账户,即投资者如果使用协议交易获得碳排放配额,首先会在其登记簿账户中实现划转。

2.2.6　交易制度

配额交易一般采用线上(场内)交易和线下(场外)交易两种方式。线上交易即必须经过交易所的交易系统平台进行在线交易,而线下交易方式则为关联企业或需求量较大企业提供了另一种解决方式。线下交易也称为协议交易或大宗交易,一般由买卖双方线下签署交易协议,约定好交易时间、价格、数量等,但仍须通过交易所或也在交易平台上实现配额和资金的相互划转。线下交易的好处是数量、价格以及交易时间的选择比较自由,由交易双方自行商定,并且由于和线上交易分开,对方确定,对线上交易的冲击较小,有利于维护市场的稳定。

未来全国碳交易市场须以试点交易所为基础,允许控排企业、个人、境内和境外投资机构参与,以增加碳交易市场的活跃度。以现货为基础,逐步发展期货、期权及相关的碳金融衍生品,通过市场手段发掘碳价格。同时,通过建立合理、有效的碳抵消机制降低企业减排成本,扩大碳交易市场参与者的范围及碳减排信用额度的供给,提高交易体系的流动性。

2.2.7　履约机制

八试点履约期均集中在 6 月份,在碳试点刚刚开始初期,除上海外很多试点在实际履约的时候履约期都略有延迟,这种现象在试点的第二、第三年之后都得到了很大改善。注销后,至履约前剩余配额除湖北省外均可储存使用,湖北碳试点规定未经交易的剩余配额以及预留的剩余配额将予以注销,无法在下一履约期储存使用。

另外,中国碳试点在履约时还允许各试点企业使用 CCER 作为补充,履行清缴抵消义务。履约时按照每吨 CCER 等于一吨二氧化碳排放配额进行计算。对于 CCER 的清缴比例和对履约可用的 CCER,八试点也给出了不同的标准,各省市在 CCER 产生的地域、类型和时间等均有不同程度的限制,如表 2-7 所示。

表 2-7　各试点抵消机制设置

试点省市	CCER 抵扣配额比例(%)	地 域 限 制	时间限制	项目类型限制	其他限制
深圳	10	部分地区风电、光伏、垃圾焚烧、户用沼气、生物质发电、清洁交通和海洋固碳等项目;全国范围的林业碳汇和农业减排项目;深圳企业在全国投资开发的 CCER 均可进行履约,不受限制	—	可再生能源:风电、光伏、垃圾焚烧、户用沼气和生物质发电;清洁交通减排项目;海洋固碳减排项目;林业碳汇项目;农业减排项目	—
上海	1	—	2013 年 1 月 1 日后实际产生的减排量	非水电类项目	不能使用在其自身排放边界范围内的 CCER
北京	5	抵消额度中省外项目不超过50%	2013 年 1 月 1 日后实际产生的减排量	非来自减排氢氟碳化物、全氟化碳、氧化亚氮、六氟化硫气体的项目及水电项目的减排量	非来自本市行政辖区内重点排放单位固定设施的减排量

试点省市	CCER 抵扣配额比例（％）	地 域 限 制	时 间 限 制	项目类型限制	其 他 限 制
广东	10	必须有 70％以上来自本省温室气体自愿减排项目	—	主要来自二氧化碳、甲烷减排项目，即这两种温室气体减排量应占该项目所有温室气体减排量的 50％以上；非水电项目；非来自使用煤、油和天然气（不含煤层气）等化石能源的发电、供热和余能（含余热、余压、余气）利用项目；非来自在联合国清洁发展机制执行理事会注册前就已经产生减排量的清洁发展机制项目；非其他碳排放权交易试点地区或已启动碳市场地区的项目	不能使用在其自身排放边界范围内的 CCER
天津	10	—	2013 年 1 月 1 日后实际产生的减排量	非来自减排氢氟碳化物、全氟化碳、氧化亚氮、六氟化硫气体的项目及水电项目的减排量	非来自本市行政辖区内重点排放单位固定设施的减排量

续表

试点省市	CCER 抵扣配额比例（％）	地 域 限 制	时 间 限 制	项 目 类 型 限 制	其 他 限 制
湖北[1]	10	长江中游城市群（湖北）区域的国家扶贫开发工作重点县	项目计入期为 2013 年 1 月 1 日—2015 年 12 月 31 日	已在国家备案的农村沼气、林业类项目产生的减排量	必须产生在纳入碳排放配额管理企业组织边界范围外的
重庆	8	—	2010 年 12 月 31 日后投入运行的减排项目	属于以下类型之一:节能和提高能效;清洁能源和非水电可再生能源;碳汇[2];能源活动、工业生产过程、农业、废弃物处理等领域减排	—
福建	林业碳汇项目减排量不得超过当年经确认排放量的10％;其他类型项目减排量不得超过当年经确认排放量的 5％	本省	林业碳汇项目应当在 2005 年 2 月 16 日之后开工建设	非水电项目产生的减排量;仅来自二氧化碳、甲烷气体的项目减排量	—

[1] 来自《省发展改革委关于 2017 年湖北省碳排放权抵消机制有关事项的通知》。

[2] 项目应于 2005 年 2 月 16 日后实施,减排量最早从 2011 年 1 月 1 日开始计入。

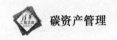

2.2.8　惩罚机制

惩罚机制是碳排放交易体系得以正常运转和环境目标得以实现的重要保障之一,没有保障的市场将无法正常运转,市场参与者的违约成本低,市场参与度将大受影响。七试点在履约罚则规定上也存在很大差异,如表 2-8 所示。上海使用了经济手段和行政措施相结合的方式,不但对违约企业进行 5 万~10 万元罚款,还将其违规行为记入信用信息记录,向工商、税务、金融等部门报送,使企业违约成本大大增加。不过,通过第一次履约也不难看出,各试点的履约力度还应加强,尤其是对于一些年产值上亿元的大型控排企业,几万元或者几十万元的罚款对这些控排企业仅是九牛一毛,法律约束力明显不足。

因此要想使碳排放交易体系得以正常运转和环境目标得以实现,避免造成"隔靴搔痒"的现象,惩罚力度一定要增强。可以考虑 100~300元/吨的罚款,或者在下一履约年度扣除上一年未缴配额的 3~5 倍。通过增加企业的违约成本,调动企业参与碳排放的积极性。

表 2-8　各试点惩罚机制

试点省市	惩罚机制
深圳	未在规定时间内提交足额配额或核证自愿减排量履约的,由主管部门责令限期补交与超额排放量相等的配额;逾期未补交的,由主管部门从其登记账户中强制扣除,不足部分由主管部门从其下一年度配额中直接扣除,并处超额排放量乘以履约当月之前连续 6 个月碳排放权交易市场配额平均价格 3 倍的罚款,同时采用信用曝光、财政限制、绩效考评、法律追责等方式对未履行遵约义务的管控单位进行处罚
上海	对未履约企业处以 5 万元以上 10 万元以下罚款,将其违法行为记入信用信息记录,向工商、税务、金融等部门通报,并通过政府网站或者媒体向社会公布,取消其享受当年度及下一年度本市节能减排专项资金支持政策的资格,以及 3 年内参与本市节能减排先进集体和个人评比的资格

续表

试点省市	惩 罚 机 制
北京	对未履约企业按照市场均价(场内交易前 6 个月均价)的 3～5 倍处以处罚
广东	在下一年度配额中扣除未足额清缴部分 2 倍配额,处以 5 万元罚款,将履约情况和企业的诚信体系挂钩,及时向社会曝光违约企业的信息、对于未完成履约义务企业的新建项目,不得通过最终审批
天津	不能享受优惠政策
湖北	对未履约企业按照市场均价 1～3 倍以下,但最高不超过 15 万元的标准处以罚款,下一年度配额分配中予以配额双倍扣除,建立碳排放黑名单制度,将未履约企业纳入信用记录,将国有企业碳排放情况纳入绩效考核评价体系,并建立通报制度
重庆	按照清缴期届满前一个月配额平均交易价格的 3 倍予以处罚
福建	在下一年度配额中扣除未足额清缴部分 2 倍配额,并处以清缴截止日前一年配额市场均价 1～3 倍的罚款,但罚款金额不超过 3 万元

2.3 全国碳市场建设进展

启动全国碳排放权交易市场是我国控制温室气体排放、实现低碳发展的一项重要举措,国务院已下发文件,明确要求在 2017 年启动全国碳排放权交易。2016 年 1 月,国家发改委发布了《关于切实做好全国碳排放权交易市场启动重点工作的通知》,明确提出全国碳市场第一阶段将包含石化、化工、建材、钢铁、有色金属、造纸、电力、航空 8 大类 32 个子行业,且 2013—2015 年中任意一年综合能源消费总量达到 1 万吨标准煤以上(含)的排放企业将作为重点排放企业被纳入第一阶段进行履约。按照当时国家发改委的要求,地方主管部门需要在 2016 年 6 月 30 日前完

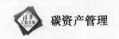

成企业汇总、上报重点排放企业的温室气体排放数据。预计包含企业达7 000～8 000家,在第二阶段再将行业范围扩大并降低重点排放企业门槛,预计将有10万多家企业被纳入。然而,在各地进行的初级碳核查操作中,就已经出现了困难,数据缺失、核查不积极等问题逐一显现,因此在行业选择上先选择了基础条件较好的行业作为重点率先启动,预计2017年年底前启动。

根据国家发改委制定的《全国碳交易市场配额分配方案(讨论稿)》(以下简称《讨论稿》),碳配额分配标准将采取"基准线法为主,强度下降为辅"的方式。配额分配的基本原则是遵循"奖励先进、惩戒落后、循序渐进、先宽后严、目标导向、综合平衡"24字方针,力争做到"企业认可、地方认可、行业认可、国家认可"。

第3章
国内减排碳资产

3.1 国内减排碳资产的概念和背景

3.1.1 国内减排碳资产的概念

减排碳资产，也称为信用碳资产，它是在"信用交易机制"（credit-trading）下产生的。减排碳资产能够在碳交易市场上进行交易，出售给那些温室气体排放超出限额的企业，用以抵消其温室气体超额排放的责任。

3.1.2 国内减排碳资产的背景

为保障自愿减排交易活动有序开展，调动全社会自觉参与碳减排活动的积极性，为逐步建立总量控制下的碳排放权交易市场积累经验，中国国家发展改革委员会于 2012 年 6 月 13 日发布了关于印发《温室气体

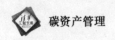

自愿减排交易管理暂行办法》的通知(见图 3-1),《温室气体自愿减排交易管理暂行办法》见附录 D。

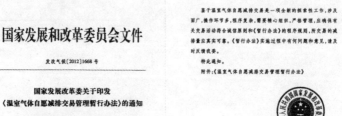

图 3-1　国家发展改革委关于印发《温室气体自愿减排交易管理暂行办法》的通知

温室气体自愿减排交易遵循的交易原则是公开、公平、公正和诚信。交易参与组织为国内外机构、企业、团体和个人。交易的减排量要求具有真实性、可测量性和额外性。温室气体的类型目前只适用于二氧化碳(CO_2)、甲烷(CH_4)、氧化亚氮(N_2O)、氢氟碳化物(HFCs)、全氟化碳(PFCs)和六氟化硫(SF_6)六种温室气体。

温室气体自愿减排项目的管理方式如下。

(1) 项目在国家主管部门备案和登记。

(2) 减排量在国家主管部门备案和登记。

(3) 减排量在经备案的交易机构内交易。

3.1.3　项目资格

自愿减排项目在时间上有严格的限定,必须是于 2005 年 2 月 16 日后开工建设的项目。在项目类别上,有以下四种区分。

(1) 采用国家发展改革委备案的方法学开发的减排项目。

(2) 获得国家发展改革委批准但未在联合国清洁发展机制执行理事会或者其他国际国内减排机制下注册的项目。

(3) 在联合国清洁发展机制执行理事会注册前就已经产生减排量的项目。

(4) 在联合国清洁发展机制执行理事会注册但未获得签发的项目。

简单来说,第一类项目是全新开发的项目;第二类项目是已经拿到发改委批准函 LOA,但是没有注册 CDM 的项目;第三类项目是 CDM 注册之前就产生减排量的项目;第四类项目是 CDM 已经注册但是没有签发过的项目。

3.1.4 企业资格

根据《温室气体自愿减排交易管理暂行办法》规定,中国境内注册的企业法人可依据本办法申请温室气体自愿减排项目及减排量备案。因此,只要是在中国境内注册的企业法人,都是可以申请项目备案和减排量备案的。

3.2 国内自愿减排项目方法学、项目类型及相关参与机构

3.2.1 国内自愿减排项目方法学

项目所产生的减排量是一种看不见、摸不着的信用额度,要想成为统一的可以交易的信用量,就需要建立一整套可计量的方法学。方法学是指用于确定项目基准线、论证额外性、计算减排量、制订监测计划等方

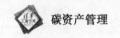

法的指南,包括以下六个部分。

(1)适用性。方法学适用性是指某一类型的项目适用于本类型方法学开发。

根据中国自愿减排交易信息平台的审定和备案项目的统计,目前用得最多的方法学是"CM-001-V01可再生能源发电并网项目的整合基准线方法学"(第一版)。本方法学的适用性是指适用于可再生能源并网发电项目活动,该项目活动是对水力、风力、地热、太阳能、波浪或潮汐发电厂或发电机组进行建设、扩容、改造或替代。

(2)项目边界。项目边界是指空间范围包括项目发电厂以及与本项目接入电网中的所有电厂。

(3)基准线情景。基准线情景是指合理地代表没有拟议的项目活动时会出现的温室气体源人为排放量的情景。项目基准线设定是方法学的核心问题之一,是项目额外性分析和减排量计算的基础。

(4)额外性。如果项目活动能够将其排放量降到低于基准线情景的排放水平,并且证明自己不属于基准线,则该减排量就是额外的。简单来说,项目减排量相对于基准线是额外的。

(5)减排量计算。根据方法学规定的算法,计算得出项目本身相对基准线产生的减排量。

(6)监测。项目备案后,项目的减排量需要根据项目设计文件以及监测手册进行监测,这是申请减排量备案非常重要的步骤。

根据汉能碳资产研究团队统计,常用的方法学如表3-1所示。

表3-1　中国自愿减排备案项目采用方法学情况统计

自愿减排方法学编号	中　文　名
CM-001-V02	可再生能源联网发电
CMS-026-V01	家庭或小农场农业活动甲烷回收
CMS-002-V01	联网的可再生能源发电
CM-003-V02	回收煤层气、煤矿瓦斯和通风瓦斯用于发电、动力、供热和/或通过火炬或无焰氧化分解

续表

自愿减排方法学编号	中 文 名
CM-012-V01	并网的天然气发电
CM-092-V01	纯发电厂利用生物废弃物发电
CM-005-V02	通过废能回收减排温室气体
AR-CM-001-V01	碳汇造林项目方法学
CM-004-V01	现有电厂从煤和/或燃油到天然气的燃料转换
CM-035-V01	利用液化天然气气化中的冷能进行空气分离
CM-038-V01	新建天然气热电联产电厂
CM-075-V01	生物质废弃物热电联产项目

根据《温室气体自愿减排项目审定与核证指南》的规定,温室气体自愿减排项目在专业领域里被划分为以下 16 种类型,所有的方法学都包含在以下 16 种类型内。

表 3-2　温室气体自愿减排项目专业领域划分

序号	专 业 领 域
1	能源工业(可再生能源/不可再生能源)
2	能源分配
3	能源需求
4	制造业
5	化工行业
6	建筑行业
7	交通运输业
8	矿产品
9	金属生产
10	燃料的飞逸性排放(固体燃料、石油和天然气)
11	碳卤化合物和六氟化硫的生产与消费产生的飞逸性排放
12	溶剂的使用
13	废物处置

序号	专 业 领 域
14	造林和再造林
15	农业
16	碳捕获与储存

对已经联合国清洁发展机制执行理事会批准的清洁发展机制项目方法学,由国家主管部门委托专家进行评估,对其中适合于自愿减排交易项目的方法学予以备案。根据中国自愿减排交易信息平台上的信息,截至 2017 年 6 月 30 日,国家发展改革委已经公布了十二批备案方法学,数量达到 200 个,具体如表 3-3 所示。

表 3-3　方法学备案情况

方法学备案批次	方法学备案日期	方法学备案数量/个
第一批	2013 年 3 月 11 日	52
第二批	2013 年 11 月 4 日	2
第三批	2014 年 1 月 22 日	123
第四批	2014 年 4 月 15 日	1
第五批	2015 年 1 月 27 日	3
第六批	2016 年 2 月 25 日	7
第七批	2016 年 6 月 2 日	3
第八批	2016 年 6 月 20 日	1
第九批	2016 年 7 月 22 日	1
第十批	2016 年 8 月 26 日	4
第十一批	2016 年 8 月 26 日	1
第十二批	2016 年 11 月 18 日	2

3.2.2　中国自愿减排的项目类型

中国自愿减排项目的主要项目类型是可再生能源项目,包括风电、水电、光伏发电、生物质发电或供热、甲烷回收发电或供热及林业碳汇项目等(见图3-2)。

风电项目   水电项目   光伏发电项目

生物质发电或供热项目   甲烷回收发电或供热项目   林业碳汇项目

图 3-2 中国自愿减排项目的主要项目类型

除了可再生能源项目,CCER 的其他项目技术类型包括以下几种:

- 垃圾填埋气回收发电;
- 垃圾焚烧发电;
- 煤层气、煤矿瓦斯和通风瓦斯回收发电;
- 工业水处理过程中的沼气回收发电;
- 家庭或小农场农业活动沼气回收;
- 在建筑内安装节能照明和/或控制装置。

3.2.3 中国自愿减排项目的相关开发参与机构

中国自愿减排项目开发参与机构主要包括以下四类。

(1)主管部门。根据《温室气体自愿减排交易管理暂行办法》的规定,国家发展改革委是温室气体自愿减排交易的国家主管部门,负责项

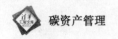

目和减排量的备案和登记。

（2）项目申请主体。项目申请主体是在中国境内注册的企业法人，一般指的是项目业主。

（3）审核机构。审核机构是指经国家发展改革委备案登记的第三方审定和审核机构，对项目是否符合要求进行审定，出具审定报告，对项目的监测进行核查，出具核查报告。

（4）咨询机构。由于项目开发具有专业性，开发周期较长，咨询机构在项目开发上有充分的开发经验，能够大大提高项目开发的成功率，缩短项目的开发周期。

各个机构在 CCER 项目的开发流程所负责的内容如图 3-3 所示。

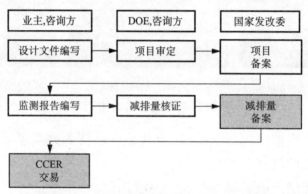

图 3-3　中国自愿减排项目的开发流程

截至 2017 年 6 月，国家发展改革委一共备案了 12 家审核机构，具体的审核机构名单及其审定和核查领域如表 3-4 所示。

表 3-4　国家发展改革委备案审核机构名单①

序号	备案时间	备案机构	审定和核查领域
1	2013 年 6 月	中国质量认证中心	1-能源工业（可再生能源/不可再生能源）；2-能源分配；3-能源需求；4-制造业；5-化工行业；6-建筑行业；7-交

① http://cdm.ccchina.gov.cn/zylist.aspx? clmId=166.

序号	备案时间	备案机构	审定和核查领域
			通运输业;8-矿产品;9-金属生产;10-燃料的飞逸性排放(固体燃料、石油和天然气);11-碳卤化合物和六氟化硫的生产和消费产生的飞逸性排放;12-溶剂的使用;13-废物处置;14-造林和再造林;15-农业
2	2013 年 6 月	广州赛宝认证中心服务有限公司	1-能源工业(可再生能源/不可再生能源);2-能源分配;3-能源需求;4-制造业;5-化工行业;7-交通运输业;8-矿产品;9-金属生产;10-燃料的飞逸性排放(固体燃料、石油和天然气);13-废物处置;14-造林和再造林;15-农业
3	2013 年 9 月	中环联合(北京)认证中心有限公司	1-能源工业(可再生能源/不可再生能源);2-能源分配;3-能源需求;4-制造业;5-化工行业;6-建筑行业;7-交通运输业;8-矿产品;9-金属生产;10-燃料的飞逸性排放(固体燃料、石油和天然气);11-碳卤化合物和六氟化硫的生产和消费产生的飞逸性排放;12-溶剂的使用;13-废物处置;14-造林和再造林;15-农业
4	2014 年 6 月	中国船级社质量认证公司	1-能源工业(可再生能源/不可再生能源);2-能源分配;3-能源需求;4-制造业;5-化工行业;6-建筑行业;7-交通运输业;8-矿产品;9-金属生产;10-燃料的飞逸性排放(固体燃料、石油和天然气);11-碳卤化合物和六氟化硫的生产和消费产生的飞逸性排放;12-溶剂的使用;13-废物处置

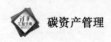

续表

序号	备案时间	备案机构	审定和核查领域
5	2014 年 6 月	北京中创碳投科技有限公司	1-能源工业（可再生能源/不可再生能源）；2-能源分配；3-能源需求；4-制造业；5-化工行业；6-建筑行业；7-交通运输业；13-废物处置；14-造林和再造林；15-农业
6	2014 年 6 月	环境保护部环境保护对外合作中心	1-能源工业（可再生能源/不可再生能源）；4-制造业；5-化工行业；11-碳卤化合物和六氟化硫的生产和消费产生的飞逸性排放；13-废物处置
7	2014 年 8 月	深圳华测国际认证有限公司	1-能源工业（可再生能源/不可再生能源）；2-能源分配；3-能源需求；4-制造业；5-化工行业；6-建筑行业；7-交通运输业；8-矿产品；9-金属生产；12-溶剂的使用；13-废物处置
8	2014 年 8 月	中国农业科学院	1-能源工业（可再生能源/不可再生能源）；14-造林和再造林；15-农业
9	2014 年 8 月	中国林业科学研究院林业科技信息研究所	14-造林和再造林
10	2016 年 3 月	中国建材检验认证集团股份有限公司	1-能源工业（可再生能源/不可再生能源）；4-制造业；6-建筑行业
11	2017 年 3 月	中国铝业郑州有色金属研究院有限公司	1-制造业；2-化工行业；3-矿产品；4-金属生产
12	2017 年 3 月	江苏省星霖碳业股份有限公司	1-能源工业（可再生能源/不可再生能源）；4-制造业；5-化工行业；6-建筑行业；9-金属生产；13-废物处置

3.3　国内自愿减排项目的开发流程

3.3.1　项目设计文件编写

1. 项目设计文件主要内容及板块

业主(或咨询机构)根据项目的信息(主要包括可研报告/初设报告、环境影响评价报告、可研/初设/核准批复、环评批复等),进行项目可行性评估,判断项目是否可以开发。如果项目具有开发可行性,则可开始编写项目设计文件。

项目设计文件(PDD)主要包含以下八方面内容:项目资格条件、项目描述、方法学选择、项目边界确定、基准线识别、额外性、减排量计算和监测计划,分别包含在 PDD 模板中的五个板块中:

A. 项目活动描述;

B. 方法学应用;

C. 项目期限和计入期;

D. 环境影响描述;

E. 利益相关方意见。

下一节将根据 PDD 模板逐一介绍各部分撰写要点及注意事项。

2. PDD 撰写要点及注意事项

本节正体字部分是 PDD 模板,斜体字部分是根据汉能碳资产研究团队开发经验总结的撰写要点或注意事项。

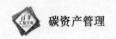

中国温室气体自愿减排项目设计文件表格
(F-CCER-PDD)①第 1.1 版

项目设计文件（PDD）

项目活动名称	项目名称与环评/核准批复一致
项目类别②	/
项目设计文件版本	类别①②填写
项目设计文件完成日期	/
项目补充说明文件版本	类别③④填写
项目补充说明文件完成日期	/
CDM 注册号和注册日期	/
申请项目备案的企业法人	企业法人为企业机构,不等同于法人代表
项目业主	/
项目类型和选择的方法学	/
预计的温室气体年均减排量	如为项目类别（三）只申请 CDM 项目注册前所产生减排量需标注减排量起止时间

A 部分　项目活动描述

A.1　项目活动的目的和概述

A.1.1　项目活动的目的

需要把项目名称、项目业主、项目所在地、项目采用的技术和项目建设的目的描述出来。

---

①　该模板仅适用于一般减排项目,不适用于碳汇项目,碳汇项目请采用其他相应模板。

②　包括四种:①采用国家发展改革委备案的方法学开发的减排项目;②获得国家发展改革委批准但未在联合国清洁发展机制执行理事会或者其他国际国内减排机制下注册的项目;③在联合国清洁发展机制执行理事会注册前就已经产生减排量的项目;④在联合国清洁发展机制执行理事会注册但未获得签发的项目。

例如,某项目是由某公司负责开发建设,该项目位于某地境内。本项目的技术类型是风电/水电、太阳能,通过替代某电网的部分电力,避免与所替代的电力相对应的发电过程的二氧化碳的排放,从而实现温室气体减排。

注意事项:项目名称与核准批复/环评批复保持一致,并强调项目的减排作用。

A.1.2　项目活动概述

● 描述项目的设计发电情况,项目的预计减排情况

例如,本项目预计年上网电量为 6 万度电,年运行 3 000 个小时,电站负荷是 34.24%(3 000/8 760),项目预计年均减排量为 4 万吨。

● 描述项目的工程建设进度情况

例如,项目于 2015 年 1 月 1 日开工,预计于 2017 年 1 月 1 日正式发电。

● 描述项目在可持续发展方面的贡献

例如,项目将给该地区带来经济效益、社会效益和环境效益等。

● 描述项目是否申请其他减排机制

例如,项目未在 CDM 或其他国内外减排机制注册。

A.1.3　项目相关批复情况

PDD 模板要求:包括工程建设、环境评价、节能评估等相关批复情况;如项目申请了 CDM 或其他减排机制,也在此处提供相关信息。

注意事项:

● 核准/可研/初设批复,环评批复:批文中装机、发电量等关键数据与实际是否一致;如存在变更,是否有相应批复文件;批复中的项目公司是否与减排项目申请的公司名称一致;

● 节能评估:《固定资产投资项目节能评估和审查暂行办法》于 2010 年 11 月开始实施,此后的项目需有节能方面的评估意见。

A.2　项目活动地点

A.2.1　省/直辖市/自治区,等

A.2.2　市/县/乡(镇)/村,等

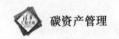
A.2.3　项目地理位置

注意事项：

● 经纬度：地理坐标须精确；确认与项目实际所在地是否一致，可通过 Google Earth 地图来核对。

地图：全国地图采用国家测绘局的标准地图（包含南海诸岛）；地图要清晰，总共不可超过一页。

A.3　项目活动的技术说明

主要内容：项目技术和工艺以及主要设备及型号参数的描述。

例如：水电项目，需要列出水轮机、发电机组的型号及相关技术参数；风电项目，需要列出风电机组以及变压器的型号及相关技术参数；太阳能发电项目，需要列出电池组件以及逆变器的型号及相关技术参数。

注意事项：主要设备及型号参数采用可研报告的参数，如果已经投产了，则采用设备采购合同上的实际设备技术参数。

A.4　项目业主及备案法人

项目业主名称	申请项目备案的企业法人	受理备案申请的发展改革部门
业主公司	业主公司	国家/所在省发展改革委

通常申请项目备案的企业法人与项目业主是相同的，即在此处填写相同的内容。如果申请项目备案的企业法人不是项目业主，请在此处说明原因。

注意事项：

● 营业执照要求字迹、印章清晰；营业期限、业务范围是否满足要求。

● 核准/可研/初设批复，环评批复中的项目公司是否与减排项目申请的公司名称一致。

A.5　项目活动打捆情况

A.6　项目活动拆分情况

对于装机容量不超过 15MW、年节能量不超过 60GWh、年减排量不超过 6 万吨 CO_2e 的小项目,须检查确认是否存在拆分情况。

B 部分　基准线和监测方法学的应用

B.1　引用的方法学名称

注意事项:

- 方法学名称要写明全称,且与国家发展改革委发布的名称一致;
- 须写出参考的相关工具的名称;
- 须提供方法学和工具的来源链接,并检查链接是否有效。

B.2　方法学适用性

注意事项:

- 不同技术类型的项目采用的方法学是不同的,须根据相应的方法学适用条件进行判断;
- 若方法学选择错误,可能会直接导致 CCER 项目申请失败。

B.3　项目边界

	排放源	温室气体种类	包括否?	说明理由/解释
基准线	排放源 1	CO_2		
		CH_4		
		N_2O		
		……		
	排放源 2	CO_2		
		CH_4		
		N_2O		
		……		
	……	……		
		……		
		……		
		……		

排放源		温室气体种类	包括否?	说明理由/解释
项目活动	排放源1	CO_2		
		CH_4		
		N_2O		
		……		
	排放源2	CO_2		
		CH_4		
		N_2O		
		……		
	……	……		
		……		
		……		
		……		

主要内容:项目边界范围,覆盖的设施和温室气体排放源。

注意事项:需要用项目边界示意图来清晰地显示项目边界范围,并且在示意图中需要标明监测仪表和监测参数。

B.4 基准线情景的识别和描述

主要内容:

a. 列举替代方案

b. 排除不可行方案

c. 确定基准线情景

案例内容:

由方法学"CM-001-V02 可再生能源并网发电方法学"(第二版)可知,与电网相连的新建的新能源电厂项目的基准线情形如下:提供给电网同等的电力由电网中其他的电厂或额外的能源供应,并由"电力系统排放因子计算工具"计算出的组合排放因子(CM)进行计算和衡量。

因此,本项目的基准线情形为西北电网提供与本项目同等的电力输出。

注意事项:使用方法学 CM-001-V02,可以根据方法学直接选择并确定基准线情景。

B.5　额外性论证

主要内容:

a. 事前考虑减排机制可能带来的效益

注意事项:事前考虑的各个事件在时间上要合理。

b. 用额外性工具进行分析

步骤 0,是否属于"首例";

步骤 1,识别与现行法规一致的替代选择;

步骤 2,投资分析(包括五步:确定适宜的分析方法,选择基准分析法,列出财务基本参数,计算项目内部收益率和敏感性分析);

步骤 3,障碍分析;

步骤 4,普遍性分析。

核心要素:在不考虑碳减排收益的情况下,项目内部收益率低于基准收益率(8%或10%),项目在财务上不具备可行性。

B.6　减排量

B.6.1　计算方法的说明

计算方法:

$$项目减排量＝基准线排放量-项目排放量-泄漏$$
$$基准线排放量＝项目净上网电量×排放因子$$

案例内容:

本项目为某清洁能源发电项目,没有化石燃料的燃烧,因此本项目的项目排放量(PEy)为 0。本项目不需要考虑泄漏(LEy),即 $LEy＝0tCO_2e$。

注意事项:

● 对于①②类发电上网项目,其排放因子须采用项目审定时可得的国内电网的最新排放因子。

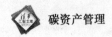

B.6.2 预先确定的参数和数据

（每项数据和参数请复制这个表格）

数据/参数：	
单位：	
描述：	
所使用数据的来源：	
所应用的数据值：	
证明数据选用的合理性或说明实际应用的测量方法和程序步骤：	
数据用途：	
评价：	

B.6.3 减排量事前计算

B.6.4 事前估算减排量概要

年　　份	基准线排放 （tCO$_2$e）	项目排放 （tCO$_2$e）	泄漏 （tCO$_2$e）	减排量 （tCO$_2$e）
××××年××月××日— ××××年××月××日				
××××年××月××日— ××××年××月××日				
××××年××月××日— ××××年××月××日				
××××年××月××日— ××××年××月××日				
……				
合计				
计入期时间合计				
计入期内年均值				

注：每一行采用一个单独的日历年。

B.7 监测计划

B.7.1 需要监测的参数和数据

（每项数据和参数请复制这个表格）

数据/参数：	
单位：	
描述：	
所使用数据的来源：	
数据值：	
测量方法和程序：	
监测频率：	
QA/QC 程序：	
数据用途：	
评价：	

监测参数：上网电量、下网电量和净上网电量。

注意事项：不同技术类型的项目，监测参数的种类和数量不一样，须根据方法学和项目实际情况来编写。

监测计划的描述：

a. 监测计划的实施；

b. 监测设备描述；

c. 监测程序；

d. 质量保障和质量控制；

e. 异常处理和报告程序。

注意事项：监测仪表的位置、仪表精度、结算方法以及记录和存档的频率与方式等需要根据项目实际情况和方法学的要求综合考虑来编写。

B.7.2 数据抽样计划

B.7.3 监测计划其他内容

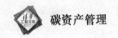

C 部分　项目活动期限和减排计入期

C.1　项目活动期限

C.1.1　项目活动开始日期

项目活动开始日期为项目开工令时间或者施工合同签订日期。

C.1.2　预计的项目活动运行寿命

20 年/25 年/30 年（根据可研数据）。

C.2　项目活动减排计入期

C.2.1　计入期类型

减排量的计入期可分为两种：一种是可更新的计入期，每个计入期 7 年，可更新 2 次，共计 21 年；另一种是固定计入期，共计 10 年（碳汇项目除外）。

已经在联合国清洁发展机制下注册的减排项目注册前的"补充计入期"，为项目运行之日起（但不早于 2005 年 2 月 16 日）至清洁发展机制计入期这段时间。

C.2.2　第一计入期开始日期

根据项目投产日期时间来确定。

C.2.3　第一计入期长度

注意事项：

- 计入期长度应不大于项目寿命。
- 第三类项目的计入期：计入期开始日期至 CDM 注册的前一天。

D 部分　环境影响

D.1　环境影响分析

例如，本项目的环境影响报告书由某设计院于 2012 年 1 月 1 日编制完成，并于 2012 年 6 月 1 日获得省环保局的批复。环评报告及其批复显示，本项目的建设和运行不会对当地产生明显的环境影响。本项目的环境影响有大气影响、噪声影响、废水影响、固体废弃物和土地占用等。

注意事项：

● 施工期和运行期的环境影响要分开写；

● 建议每一种影响都采用影响内容/解决方案/结论的方式描述。

D. 2　环境影响评价

例如，项目的《环境影响评价报告书》已经获得当地环境保护部门的批准，因此，本项目的建设和运行不会对当地产生明显的环境影响。

E 部分　利益相关方的评价意见

E. 1　简要说明如何征求地方利益相关方的评价意见及如何汇总这些意见

E. 2　收到的评价意见的汇总

例如，调查内容如下：

（1）对本项目的态度；

（2）本项目建设可能为你的生活带来的正面影响；

（3）本项目建设可能为你的生活带来的负面影响；

（4）本项目的移民或土地被占用者是否已获得按照相关标准提供的补偿；

（5）其他评价和建议。

E. 3　对所收到的评价意见如何给予相应考虑的报告

注意事项：

报告中对调查方式及被调查者的组成应详细说明。

附件 1　申请项目备案的企业法人联系信息

企业法人名称：	
地址：	
邮政编码：	
电话：	
传真：	
电子邮件：	

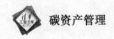

续表

网址:	
授权代表:	
姓名:	
职务:	
部门:	
手机:	
传真:	
电话:	
电子邮件:	

附件 2:事前减排量计算补充信息

附件 3:监测计划补充信息

3.3.2　项目审定流程

项目在项目业主或其委托的咨询机构完成 PDD 编制之后,需要经过审核机构(DOE)的审定。审定的程序具体如下。

1. 签订审定合同

项目业主与经国家发展改革委备案的审核机构签订审定合同,大约为一周。

2. 项目设计文件公示

项目设计文件需要通过中国自愿减排交易信息平台进行公示,征询利益相关方的意见。新项目(一、二类项目)的公示期为 14 天,已注册CDM 项目(三、四类项目)公示期为 7 天。

3. 现场访问

根据项目地点及复杂程度来决定项目在现场访问的时间,一般为1~3个工作日。现场访问的目的是审核机构通过现场观察项目的建设环境、设备安装,调阅文件记录以及与当地利益相关方会谈,进一步判断和确认项目的设计是否符合审定准则的要求并能够形生真实的、可测量的、额外的减排量。

4. 审核发现及澄清

审核机构应将在文件评审和现场访问过程中发现的不符合、澄清要求或者进一步行动要求提供给审定委托方,审定委托方应在 90 天内采取澄清或纠正措施。

5. 审定报告的交付

不符合和澄清要求关闭,或者确认审定委托方在 90 天内未能采取满足要求的措施后,审核机构应在 30 个工作日内完成审定报告的编写并对其进行技术评审后,交付给审定委托方。

具体的审定流程如图 3-4 所示。

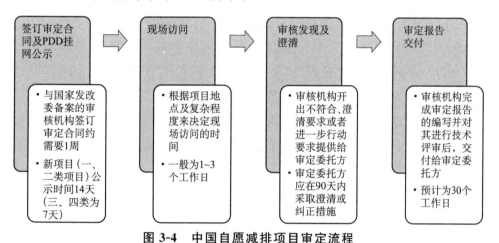

图 3-4　中国自愿减排项目审定流程

3.3.3　项目备案流程

根据《温室气体自愿减排交易管理暂行办法》的规定,申请项目备案需要提交的材料包括以下九种[1]。

---

①　中华人民共和国国家发展改革委员会. 温室气体自愿减排交易管理暂行办法[EB/OL]. 2012-06-13. http://cdm.ccchina.gov.cn/WebSite/CDM/UpFile/File2894.pdf.

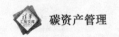

（1）项目备案申请函和申请表。

（2）项目概况说明。

（3）营业执照。

（4）可研批复/核准批复/备案文件。

（5）环评批复。

（6）节能评估和审查意见。

（7）项目开工时间证明文件。

（8）自愿减排项目设计文件。

（9）项目审定报告。

其中，第（1）条中的项目备案申请函分为国家申请函和省级申请函，可直接向国家发展改革委申请自愿减排项目备案的中央企业（共43家，见《温室气体自愿减排交易管理暂行办法》（以下简称《办法》））只需要提供国家申请函，其他企业或个人则需要先提供省级申请函至地方发改委，再提交国家申请函至国家发展改革委，在申请程序上要多一个步骤。

第（2）条中的项目概况说明的内容包括了项目业主单位概况，项目基本信息，项目总投资及所使用的技术，预期的减排量及对社会的可持续发展贡献，项目节能评估的审查情况，工程建设、环境评价等相关批准情况，项目目前进展情况，以及说明在清洁发展机制或其他减排机制下是否已经注册等相关信息。

第（6）条要求的节能评估和审查意见，是中国温室气体自愿减排项目的新要求，在清洁发展机制下是没有的。根据《固定资产投资项目节能评估和审查暂行办法》（国家发改委第6号令）和《关于贯彻落实国家发展改革委员会固定资产投资项目节能评估和审查暂行办法（第6号令）的通知》等文件要求，从2010年11月1日起，凡是报发展改革系统审批、核准、备案的项目都要按照文件要求分类别办理相关节能评估和审查手续。该办法同时规定，固定资产投资项目节能审查按照项目管理权限实行分级管理。由国家发展改革委核报国务院审批或核准的项目以及由国家发展改革委审批或核准的项目，其节能审查由国家发展改革委负责;由地方人民政府发展改革部门审批、核准、备案或核报本级人民政府审批、核准的项目,其节能审查由地方人民政府发展改革部门负责。

项目业主在将材料报送到发改委后,省、自治区、直辖市发展改革部门就备案申请材料的完整性和真实性提出意见后转报国家发展改革委(43 家中央企业可以跳过该步骤)。国家发展改革委接到项目备案申请材料后委托专家进行技术评估,评估时间不超过 30 个工作日。专家评估后,国家发展改革委根据专家意见对项目备案进行审查,对符合条件(见《办法》第十七条)的项目予以备案,审查时间不超过 30 个工作日(不含专家评估时间)。对省、自治区、直辖市发展改革部门的转报时间未做出明确规定。

具体的申请项目备案的流程如下。

(1) 业主将项目设计文件,审核机构出具的审定报告以及其他必须的材料一并交到发改委申请备案。其中,除《温室气体自愿减排交易管理暂行办法》规定的 43 家中央企业可以直接向国家发展改革委申请备案外,未列入名单的企业需要通过项目所在省、自治区、直辖市发展改革部门提交备案申请。《温室气体自愿减排交易管理暂行办法》没有规定地方发改委将项目提交到国家发展改革委的时间,预计为 30 个工作日。

(2) 国家发展改革委安排专家评审,在 30 个工作日内完成项目的评估。

(3) 国家发展改革委在 30 个工作日内完成对项目的审查、备案。

(4) 国家发展改革委在 10 个工作日内完成项目的登记簿公示。

图 3-5 为中国自愿减排项目备案流程。

对于符合下列条件的项目,国家发展改革委将予以备案并在国家登记簿登记。[①]

(1) 符合国家相关法律法规。

(2) 符合本办法规定的项目类别。

---

① 中华人民共和国国家发展改革委员会. 温室气体自愿减排交易管理暂行办法[EB/OL]. 2012-06-13. http://cdm.ccchina.gov.cn/WebSite/CDM/UpFile/File2894.pdf.

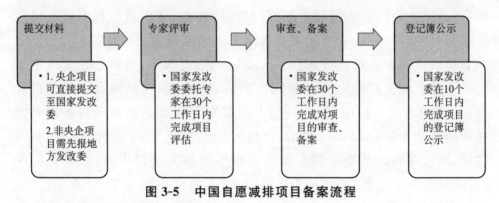

图 3-5　中国自愿减排项目备案流程

（3）备案申请材料符合要求。

（4）方法学应用、基准线确定、温室气体减排量的计算及其监测方法得当。

（5）具有额外性。

（6）审定报告符合要求。

（7）对可持续发展有贡献。

3.3.4　监测报告编写

1. 监测报告主要内容及版块

项目备案后，业主可以根据项目的发电情况，择机开展核查业务。如果确定核查，则可以开始编写监测报告。监测报告分以下五个版块：

A. 项目活动描述；

B. 项目活动的实施；

C. 对监测系统的描述；

D. 数据和参数；

E. 温室气体减排量的计算。

下一节将根据监测报告模板逐一介绍各部分撰写要点及注意事项。

2. 监测报告撰写要点及注意事项

中国温室气体自愿减排项目监测报告
(F-CCER-MR)第1.0版

监测报告(MR)

项目活动名称	项目名称与环评/核准批复一致
项目活动名称	
项目类别①	
项目活动备案编号	
项目活动的备案日期	
监测报告的版本号	
监测报告的完成日期	
监测期的顺序号及本监测期覆盖日期	例如,监测期顺序号:01; 覆盖日期:2015年1月1日至2016年12月31日(含首尾两天)
项目业主	填写业主名称
项目类型	请参照审定与核证指南附件1—温室气体自愿减排项目专业领域划分进行填写(本书表3-2)。例如,类别1:能源工业(可再生能源)
选择的方法学	例如,"CM-001-V02 可再生能源并网发电方法学"(第二版)
项目设计文件中预估的本监测期内温室气体减排量或人为净碳汇量	
本监测期内实际的温室气体减排量或人为净碳汇量	

---

① 包括四种:(一)采用经国家发展改革委备案的方法学开发的减排项目;(二)获得国家发展改革委批准但未在联合国清洁发展机制执行理事会注册的项目;(三)在联合国清洁发展机制执行理事会注册前就已经产生减排量的项目;(四)在联合国清洁发展机制执行理事会注册但减排量未获得签发的项目。

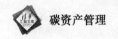

A 部分　项目活动描述

A.1　项目活动的目的和一般性描述

请在此处填写项目活动情况概述,主要包括项目活动的目的、减排或碳汇措施、所采用的技术和相关设施、项目活动关键日期、项目相关备案或批复等关键信息(对于第三、四类项目也须提供 CDM 注册信息),本监测期内所产生温室气体减排量或碳汇量等。

例如,某项目由某公司开发建设,项目位于某地。本项目预计年上网电量为 6 万度电,年运行小时 3 000 个小时,电站负荷是 34.24%(3 000/8 760)。本项目为水电/风电/光伏项目,项目通过替代电网的部分电力,避免与所替代的电力相对应的发电过程的 CO_2 排放,从而实现温室气体减排。项目开工时间为 2013 年 1 月 1 日,第一台机组投产时间为 2015 年 1 月 1 日,最后一台机组投产时间为 2015 年 3 月 1 日。作为国内自愿减排项目于 2015 年 6 月获得国家发改委批复予以备案。

对于第一、二、四类项目,需要强调该项目未在任何除国内自愿减排的其他减排机制下注册;对于第三类项目,需要描述项目在 CDM 机制下的注册情况。

本次监测期为 2015 年 1 月 1 日至 2016 年 12 月 31 日(含首尾两天),监测期内的减排量为 * 吨。如果在监测期内,项目实际实施情况与备案的项目设计文件描述有不一致,或者项目有突发或非常规的事件发生(如机器故障、大修等),都需要进行描述。

A.2　项目活动的位置

例如,本项目位于某地,项目地理坐标为北纬某度、东经某度,如遇风电或光伏等占地面积较大的,还需要提供拐点坐标。

A.3　所采用的方法学

采用的方法学和工具参考已经备案的项目设计文件。

A.4　项目活动计入期

请填写与本次监测期相对应的计入期类别、开始日期及长度。

例如:

计入期类型:可更新的计入期

第一计入期开始时间:2015 年 1 月 1 日

第一计入期:2015 年 1 月 1 日—2021 年 12 月 31 日(含首尾两日)

第一计入期长度:7 年

B 部分 项目活动的实施

B.1 备案项目活动实施情况描述

请描述本次监测期内备案项目活动实施情况,包括采用的技术、工艺流程、设施情况,以及可能的图表等。

B.2 项目备案后的变更

B.2.1 监测计划或方法学的临时偏移

请说明本次监测期内是否存在监测计划或方法学的临时偏移,如果有的话,请说明偏移的原因,如何偏移的,偏移的持续时间,以及偏移方法保守性的说明。

如在本监测报告提交之前临时偏移已经获得核准,如在该报告提交之前已经获得批准,请提供核准时间及相关信息。

B.2.2 项目信息或参数的修正

请说明本次监测期内是否存在项目信息或参数的修正。如有的话,请简要说明并提供修改后的项目设计文件。

如在本监测报告提交之前修正已经获得核准,请提供核准时间及相关信息。

B.2.3 监测计划或方法学永久性的变更

请说明本次监测期内是否存在监测计划或方法学永久性的变更。如有的话,请简要说明并提供修改后的项目设计文件。

如在本监测报告提交之前变更已经获得核准,请提供核准时间及相关信息。

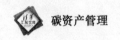

B.2.4 项目设计的变更

请说明本次监测期内是否存在项目设计的变更。如有的话,请简要说明并提供修改后的项目设计文件。

如在本监测报告提交之前变更已经获得核准,请提供核准时间及相关信息。

B.2.5 计入期开始时间的变更

请说明本次监测期内是否存在计入期开始时间的变更。如有的话,请简要说明并提供修改后的项目设计文件。

如在本监测报告提交之前变更已经获得核准请提供核准时间及相关信息。

B.2.6 碳汇项目的变更

如果是碳汇项目,请在此处说明本监测期内该碳汇项目是否存在相关事项的变更。如有的话,请简要说明并提供修改后的项目设计文件。

如在本监测报告提交之前变更已经获得核准请提供核准时间及相关信息。

C 部分 对监测系统的描述

请描述本次监测期内备案项目活动监测系统情况,包括可能的图表和流程图。

主要包括以下几个方面。

(1)监测对象。对项目来说,电网的排放因子是事先确定的,因此监测对象是用于计算减排量的上网电量。

(2)监测计划的实施。需要明确该 CCER 项目的负责人、技术人员和统计人员,相关人员在负责 CCER 项目前需要接受监测和统计的培训,以保证监测计划的顺利实施。

(3)监测设备。监测设备主要是监测电表,一般为主表和副表共两块,当主表出现故障时,将采用副表的读数。另外,需要明确电表的数量、安装位置以及精度。

（4）监测程序。需要明确数据收集、记录和统计的程序，例如，由技术人员收集和记录，由统计人员进行统计和存档。数据每月向项目负责人汇报，在整个计入期及其后的两年之内保留所有的相关数据记录，供审核机构核查。

（5）质量保障与质量控制。质量保障和质量控制程序涉及监测数据测量、记录、归档和监测仪表的校准和维护。所有电表的校准和测量按照国家标准进行。业主将保留所有的校准和测量记录供审核机构核查。

（6）异常处理和报告程序。技术人员在日常工作中对监测表计进行巡检，保证及时发现表计的异常。发现异常后，需要及时处理、汇报，做好记录。对于出现异常的监测表计，及时进行维修，并经有资质的第三方计量检定机构校验合格后方能投入使用。在监测和测量过程中出现的问题将被记录下来向项目负责人汇报，并采取相应的改正措施予以处理，避免问题再次出现。业主在整个计入期及其后的两年之内保留所有的相关异常处理记录，供审核机构核查。

D 部分　数据和参数

D.1　事前或者更新计入期时确定的数据和参数

对每个数据和参数都复制此表格，以下为举例：

数据/参数：	$EF_{grid,OM,y}$
单位：	tCO_2e/MWh
描述：	南方电网的电量边际排放因子
数据/参数来源：	《2015 中国区域电网基准线排放因子》
数据/参数的值：	0.895 9
数据/参数的用途：	计算电网组合边际排放因子
附加注释：	—

D.2　监测的数据和参数

对每个数据和参数都复制此表格。

对于监测设备，应提供类型、精度、编号、校准频率、上次校准日期、

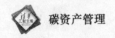

校准有效期等信息。

数据/参数:	
单位:	
描述:	
测量值/计算值/默认值:	
数据来源:	
监测参数的值:	
监测设备:	
测量/读数/记录频率:	
计算方法(如适用):	
质量保证/质量控制措施:	
数据用途:	
附加注释:	

D.3 抽样方案实施情况

如监测的数据和参数采用了抽样的方式获得,请提供项目业主抽样方案的实施情况,包括抽样方案设计的描述、数据收集(提供可用的电子表格)、数据分析以及如何满足置信度或精度要求等。

E 部分　温室气体减排量(或人为净碳汇量)的计算

E.1　基准线排放量(或基准线人为净碳汇量)的计算
例如:基准线排放根据下式计算:

$$BE_y = EG_{facility,y} \times EF_{grid,CM,y}$$

E.2　项目排放量(或实际人为净碳汇量)的计算

例如,本项目为水电/风电/光伏项目,没有化石燃料的燃烧,因此本项目的项目排放量(PE_y)为 0。

E.3　泄漏的计算

例如,根据方法学,本项目不需要考虑泄漏(LE_y),因此本项目泄漏为 0。

E. 4　减排量（或人为净碳汇量）的计算小结

项目	基准线排放量或基准线净碳汇量（吨二氧化碳当量）	项目排放量或实际净碳汇量（吨二氧化碳当量）	泄漏（吨二氧化碳当量）	减排量或人为净碳汇量（吨二氧化碳当量）
总计				

E. 5　实际减排量（或净碳汇量）与备案项目设计文件中预计值的比较

项目	备案项目设计文件中的事前预计值	本监测期内项目实际减排量或净碳汇量
减排量或净碳汇量（吨二氧化碳当量）		

E. 6　对实际减排量（或净碳汇量）与备案项目设计文件中预计值的差别的说明

若实际减排量大于备案项目设计文件中的预计值，请对此进行合理性的解释说明。

若减排量小于预计值，也需要解释减排量减少的原因，如降雨量减少、雨季泄洪（水电）、项目大修、限电等。如果减排量大于预计值，则一方面要解释减排量增加的原因；另一方面还要将实际发电量/减排量代入 IRR 计算公式中计算对 IRR 产生的影响。其实只要做出合理解释，一般都可以获得认可。

3. 3. 5　项目核查流程

项目的减排量监测包括以下三个部分。

（1）数据监测。按照已备案 PDD 中的监测计划规定的方式读取并记录数据，定期校验监测仪表，填写设备维护记录。

（2）数据整理。将数据记录及监测仪表维护记录、设备维护记录、培

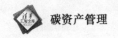

训记录等归档,整理。

（3）报告编写。根据监测数据和记录、PDD及已批准的方法学编写监测报告。

具体的核证程序如图3-6所示。

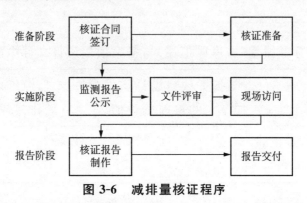

图3-6　减排量核证程序

值得注意的是,对于年减排量超过6万吨的项目,国家发展改革委要求审定机构和核查机构不能是同一家。因此如果项目属于此类型,项目业主需要重新指定审核机构。

3.3.6　减排量备案

项目业主在完成项目备案后,如果项目本身已经产生了一定量的减排量,就可以申请减排量备案。在申请减排量备案时,同样需要审核机构进行核查,出具减排量核证报告。

项目备案和减排量备案的差异在于,项目经过备案登记后,说明项目是符合自愿减排项目要求的,只需要一次备案。而减排量备案是对不同时间阶段的减排量进行备案,根据项目设计文件的设定一般是10年或21年,在这个时间段内会分阶段地进行减排量备案,例如,2015年的减排量备案1次,2016年的减排量备案1次,需要多次备案。

项目业主在申请减排量备案时,需要准备以下三项文件。

（1）减排量备案申请函。

（2）项目业主或咨询机构编制的监测报告。

（3）审核机构出具的减排量核证报告。减排量核证报告主要内容包括：减排量核证的程序和步骤、监测计划的执行情况和减排量核证的主要结论。

完成以上三项文件后，项目业主可以直接向国家发展改革委提交减排量备案申请，不需要经省、自治区、直辖市发展改革部门的转报。国家发展改革委接到减排量备案申请材料后委托专家进行技术评估，评估时间不超过30个工作日。专家评估后，国家发展改革委根据专家意见对减排量备案进行审查，对符合条件减排量予以备案，审查时间不超过30个工作日（不含专家评估时间）。经备案后的减排量称为"核证自愿减排量"（CCER），单位是"吨二氧化碳当量"（tCO_2e）。经核证的减排量必须具备以下条件[①]。

（1）产生减排量的项目已经国家主管部门备案。

（2）减排量监测报告符合要求。

（3）减排量核证报告符合要求。

具体的减排量备案流程如图3-7所示。

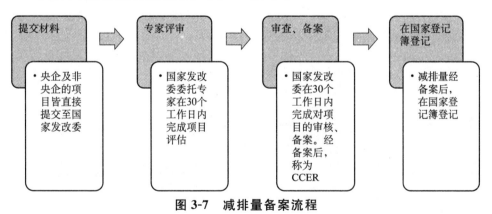

图3-7　减排量备案流程

---

①　中华人民共和国国家发展改革委员会.温室气体自愿减排交易管理暂行办法[EB/OL].2012-06-13. http://cdm. ccchina. gov. cn/WebSite/CDM/UpFile/File2894. pdf.

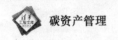

3.4 注册登记系统开户流程

国家自愿减排交易注册登记系统（以下简称登记簿）是记录国家核证自愿减排量（CCER）的签发、转移、取消、注销等流转情况的信息管理系统。项目在获得项目备案和减排量备案后，自愿减排交易的相关参与方，即企业、机构、团体和个人，须在登记簿开设账户，以进行 CCER 持有、转移、清缴和注销。

自愿减排交易参与方须按照以下步骤在登记簿中开立账户。

步骤 1：申请者提交材料

自愿减排交易参与方是指企业、机构、团体和个人。参与方须到指定代理机构[①]提交相关材料以申请在登记簿中开户，申请材料清单如下。

类	别	申 请 材 料
企业	项目业主	(1) 企业开户申请表原件（2 份，具体请下载国家自愿减排交易注册登记系统开户申请表格附件 2-1） (2) 账户代表授权书原件（具体请下载国家自愿减排交易注册登记系统开户申请表格附件 2-4） (3) 企业法人代表身份证复印件（原件供查阅）[②] (4) 账户代表身份证复印件（原件供查阅） (5) 经办人身份证复印件（原件供查阅） (6) 企业营业执照副本复印件（加盖公章） (7) 企业组织机构代码证复印件（加盖公章）

① 即经国家发展改革委气候司备案的自愿减排交易机构，包括北京环境交易所、天津排放权交易所、上海环境能源交易所、广州碳排放权交易所、深圳排放权交易所、湖北碳排放权交易中心和重庆联合产权交易所等。

② 港澳居民提供港澳居民来往内地通行证，台湾居民提供台湾居民来往大陆通行证，外国居民提供护照或外国人永久居留证。

类 别		申 请 材 料
企业	其他企业	(8) 税务登记证明复印件(加盖公章) (9) 银行开户证明 (10) 国家发展改革委出具的项目备案函 (1) 企业开户申请表原件(2 份,具体请下载国家自愿减排交易注册登记系统开户申请表格附件 2-1) (2) 账户代表授权书原件(具体请下载国家自愿减排交易注册登记系统开户申请表格附件 2-4) (3) 企业法人代表身份证复印件(原件供查阅) (4) 账户代表身份证复印件(原件供查阅) (5) 经办人身份证复印件(原件供查阅) (6) 企业营业执照副本复印件(加盖公章) (7) 企业组织机构代码证复印件(加盖公章) (8) 税务登记证明复印件(加盖公章) (9) 银行开户证明
机构/团体		(1) 机构/团体开户申请表原件(2 份,具体请下载国家自愿减排交易注册登记系统开户申请表格附件 2-2) (2) 社会团体登记证书/组织机构代码证复印件(加盖公章) (3) 账户代表授权书原件(见附件 2-4) (4) 法人代表身份证复印件(原件供查阅) (5) 账户代表身份证复印件(原件供查阅) (6) 经办人身份证复印件(原件供查阅) (7) 银行开户证明
个人		(1) 个人开户申请表原件(2 份,具体请下载国家自愿减排交易注册登记系统开户申请表格附件 2-3) (2) 申请人身份证复印件(原件供查阅)

步骤 2:指定代理机构审核材料

指定代理机构对申请材料的完整性、真实性进行审核。若审核通过,指定代理机构在登记簿中录入信息并发起开户申请。指定代理机构

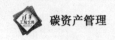

须将开户申请表原件(1 份)提交或邮寄至登记簿管理机构,并将所有申请材料的电子版发送至登记簿指定邮箱。

步骤 3:登记簿管理机构完成开户

登记簿管理机构审核指定代理机构录入的开户信息和提交的材料。若信息无误且材料完整,审核通过并在系统中确认开户。若信息有误或材料缺失,申请者须完善材料后重新提交开户申请。

步骤 4:系统反馈

系统邮件告知账户代表、联系人和指定代理机构开户相关信息。

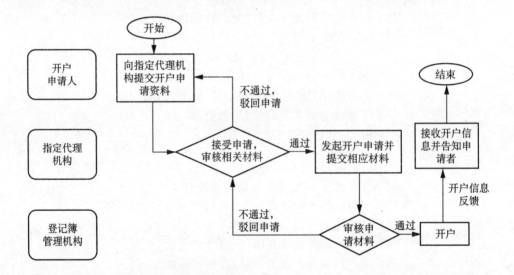

第 4 章
碳金融市场和
碳金融工具

4.1　碳金融市场

4.1.1　碳金融市场的内涵

　　碳金融市场,较之于股票市场、债券市场、基金市场等传统意义上的金融市场而言,是金融行业在低碳经济发展环境下衍生出的一个新型市场。本书对碳金融市场的讨论,主要是基于狭义碳金融市场的定义,即碳金融市场是以碳排放配额交易以及碳减排信用额交易为基础的金融市场。

　　通常意义上来讲,完备的金融市场需要 4 个基本要素:①资金供应者和资金需求者;②信用工具;③信用中介;④价格。随着碳交易的产生,碳金融市场形成所需的四大基本要素也基本具备。

　　(1) 资金供应者和资金需求者。碳排放权交易参与主体,既有企业单位,也有政府机构,既有金融机构,也有个人投资者。这些载体在金融

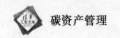

市场中互为资金提供者与需求者。

（2）信用工具。是指资本在市场上融通的对象，是金融市场上实现投融资活动必须依赖的标的。在碳金融市场上，原生交易标的是碳排放配额或碳减排信用额，同时以碳排放配额或碳减排信用额为基础交易对象，碳金融衍生品和其他创新碳金融产品也不断被开发出来。

（3）信用中介。是指一些充当资金供求双方的中介人，起着联系、媒介和代客买卖作用的机构，如银行、投资公司、证券交易所、证券商和经纪人等。在碳金融市场中，碳排放权交易所、商业银行、碳交易中间商等正担任着信用中介的角色。

（4）价格。是指交易工具的价值体现。无论是场外交易，还是场内交易，碳排放配额（如 EUA、中国各碳交易试点的配额）/碳减排信用额（如 CER、ERU、CCER）都拥有其相应的交易价格。

从狭义的角度看，碳金融市场指的就是碳排放权交易市场，即全球不同主体从自身利益出发，进行的温室气体排放权配额或减排信用额买卖的交易市场。而广义的碳金融市场则指的是除了基础的温室气体排放权配额或减排信用额交易（即碳交易），还包括与碳交易市场发展密切相关的投融资市场以及低碳经济领域的项目投融资市场等。①

4.1.2 碳金融市场的分类

随着各国碳排放权交易的不断完善与发展，全球碳金融市场可以从四个层面进行体系分析："两类法律框架""两类机制基础""两类交易动机""三类交易产品"，如图 4-1 所示。

1."两类法律框架"——京都机制下的碳金融市场和非京都机制下的碳金融市场

京都机制下的碳金融市场是指以《全球气候变化框架公约》和《京都

---

① 王瑶.碳金融——全球视野与中国布局[M].北京：中国经济出版社，2010：30.

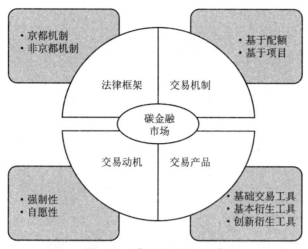

图 4-1 碳金融市场分类

议定书》中所约束的温室气体排放权配额或减排信用额交易机制为基础,从而形成的碳金融市场。在《京都议定书》下催生的碳交易机制有:承担减排义务的附件一国家之间以项目合作开发为基础进行减排的联合履约机制(JI),其产生的减排量被称为 Emission Reduction Units (ERUs);在附件(一)国家资金或技术支持下,非附件一国家进行减排的清洁发展机制(CDM),其产生的减排量被称为 CERs;以及附件一国家之间进行以配额(assigned amount units,AAUs)交易为基础的国际排放贸易(International Emission Trading,IET)。目前,全球最大的基于京都机制下的碳金融市场体系是欧盟排放交易体系。

非京都机制下的碳金融市场是指不受《京都议定书》管辖的,以各国或各区域法令或交易机制为基础的相对独立的交易模式和区域性交易市场,主要有美国加州区域碳交易体系和中国"七省市碳交易试点"等。

2."两类机制基础"—— 基于配额的碳金融市场与基于项目的碳金融市场

根据不同的交易机制基础,全球碳金融市场可分为"基于配额的

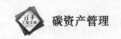

(allowance-based)碳金融市场"与"基于项目的(project-based)碳金融市场"。以配额为基础的碳金融市场是基于总量控制与交易机制(cap-and-trade)的,以项目为基础的碳金融市场是基于基准线与信用机制(base-line-and-credit)的。

总量控制与交易机制指的是相关机构一方面设定一个温室气体排放总量,另一方面建立对温室气体排放权合理的定价机制,使企业可以通过碳排放权交易达到减少温室气体排放的一种市场机制。在此机制下,不同的排放主体由于产业不同,技术水平不同,其减排能力有所差异,减排能力强的主体有配额剩余,减排能力弱的主体可能不能在所分配的配额内实现减排目标,结果会导致温室气体排放权在不同的排放主体间进行流通,成为一种稀有资源。为了有效控制碳排放总体目标,碳排放主体之间形成了交易关系,通过碳排放权的交易,使不同排放条件的排放主体各自完成碳排放指标。配额市场主要有 EU-ETS、NSW GGAS(其减排信用额为 NSW GHG Abatement Certificates,NGACs)等。

基于项目的碳金融市场是通过具体项目实施产生并经过认证的减排额度作为交易标的在市场上进行流通的。这种碳金融市场主要包括《京都议定书》下的 CDM 市场、JI 市场及中国七个碳交易市场试点下的 CCER 市场,主要内容涉及具体减排项目的开发。

3.“两类交易动机”——强制碳金融市场与自愿碳金融市场

基于不同的减排交易行为,全球碳金融市场可分为强制碳金融市场和自愿碳金融市场。强制碳金融市场是一些国家和地区针对减排主体设定强制性减排目标,这些主体为了承担具有法律约束力的减排义务开展碳排放权交易。

自愿碳金融市场通常是指一些国家或者地区不对减排主体规定强制性减排目标,减排主体自愿做出减排承诺,通过市场交易购买碳信用,以抵偿其超额的碳排放量。自愿减排市场包括场内交易市场和场外交易市场。场内交易市场最为典型的代表便是 CCX。CCX 是一个自愿加入、强制执行的市场。在芝加哥气候交易所交易的信用单位为 CFI(Carbon Financial Instrument），CFI 既可以是基于配额的信用，也可以是基于减排项目的信用，每一信用单位代表 100 吨二氧化碳当量。加入 CCX 的会员都有一定的减排目标，基于项目的碳信用最高只能抵消其目标排放量的 4.5%。场外交易市场是自愿碳市场的另外一种重要的市场形式，主要是指政府机构、企业、非政府组织或个人等，为了树立自身形象、承担社会责任等目的的参与。

4. "三类交易产品"——基于基础产品交易的碳金融市场、基于基本衍生品交易的碳金融市场与基于创新衍生品的碳金融市场

基于交易标的物的不同，可以将全球碳金融市场分为排放权基础交易的碳金融市场、碳排放权衍生交易的碳金融市场，以及排放权金融创新投融资的碳金融市场。基于基础产品交易的碳金融市场是指碳排放配额或碳减排信用额的现货交易市场；基于衍生品交易的碳金融市场是指以碳排放配额或碳减排信用额为基础的产品，利用杠杆性的交易行为而派生出来的碳金融市场；基于投融资工具的碳金融市场是指以碳排放配额或碳减排信用额为标的进行投融资行为的碳金融市场。

4.2 碳金融工具

在金融市场四大要素中，信用工具也被称为金融工具（financial instruments），是重要的金融资产，是金融市场上重要的交易工具。金融工具一般分成基础金融工具和金融衍生工具。金融衍生工具也叫金融衍生品，是以汇率、债券、股票等基本金融产品为基础而创新出来的金融工具，它以另一些金融产品的存在为前提，以这些金融工具为买卖对象，价格也由这些金融工具决定。比如，股票是大众最为熟知的一种基本金融产品，而在股票基础上衍生出来的股票远期、期货、期权、互换等都属于

金融衍生品。

就碳金融市场,理论上来讲,其基本交易工具是碳排放权和碳减排信用额;基本衍生交易工具主要有碳远期、碳期货、碳期权、碳掉期等。同时,碳排放权在其他投融资工具、理财工具领域也有了新的应用,被称为碳金融创新衍生工具,①如图4-2所示。

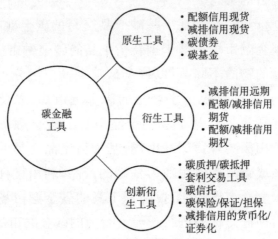

图4-2 碳金融工具分类

本节一方面将结合传统金融工具的概念、运作方式以及交易原理来分析各类碳金融工具的基本内涵与运作原理;另一方面将结合目前全球各区域碳市场的实例来阐述各类碳金融工具的发展概况。

4.2.1 碳金融原生工具

金融原生工具(underlying financial instruments),或称为基础性金融工具,其主要职能是促使媒介储蓄②向投资转化,或者用于债权债务清偿的凭证,主要分为货币性金融工具、债权性金融工具、股权性金融工具

---

① 碳基金课题组.国际碳基金研究[M].北京:化学工业出版社,2013:24.

② 这里的媒介是指金融媒介,如商业银行、信用中介和储蓄机构等。

和契约性金融工具等。金融市场中传统的金融原生工具主要有商业票据、股票、债券和基金等。目前，在碳排放权/信用额交易市场上，碳金融原生工具有碳排放配额/减排信用额交易、碳债券和碳基金。

1. 碳排放配额/减排信用额

碳现货是指碳排放权现货交易合约，具体是指交易双方对排放权交易的时间、地点、方式、质量、数量、价格等在协议中予以确定，并达成交易，随着排放权的转移，同时完成排放权的交换与流通。[①] 在国际碳排放交易市场中，碳信用基础交易主要包括配额型交易和项目型交易两类。项目型交易主要包括一级、二级 CDM 交易和 JI 交易。根据国际排放交易的分类，一级 CDM 市场专指发达经济实体购买发展中经济实体碳减排量的直接交易市场。

碳现货交易主要包括 EUA 现货、CER 现货。BlueNext 现货交易的主要参与机构有买家、卖家和中介平台。碳现货交易平台主要有 BlueNext、ICE 欧洲气候交易所（ICE-ECX）、欧洲能源交易所（EEX）、北欧电力交易所（NordPool）等。在一般情况下，主要交易账户有交易账户、现金账户、EUA 账户和 CER 账户，而中介平台 BlueNext 设有交易平台、现金转换账户和 EUA/CER 转换账户。

在中国，随着国内碳交易试点工作的展开，各试点配额的现货交易也开始出现。交易平台主要是各试点碳排放权交易所。

2. 碳债券

1）债券的基础知识

债券，是一种使用非常广泛的直接融资工具。它是指一种保证债券持有人在到期日偿还债券面值和支付利息的信用凭证或合同。根据发行主体的不同，债券可以分为政府债券、金融债券和公司债券。公司债券即公司按照有关法律或政府政策规定发行的、约定在一定时期内还本付息的债务凭证。同时，公司债券又可以分为抵押债券与信用债券、贴

---

① 王苏生，常凯. 碳金融产品与机制创新［M］. 深圳：海天出版社，2014：33.

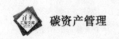

现债券与附息债券等。

在公司债券的发行过程中，参与主体一般有发行人、主承销商、评级机构、审计机构、律师事务所、担保机构、交易所及中国证券登记结算公司等。各参与机构参与债券发行的主要职责如表 4-1 所示。

表 4-1　债券发行主体及其职责

公司债券发行责任主体	职　责
发行人	聘请相关中介机构、董事会、股东大会通过发行公司债券的决议，配合中介机构的尽职调查工作，出具相关申请文件等
保荐人、主承销商、债券受托管理人	统一组织和统一协调发行工作尽职调查，制作申报文件协助开展主管部门沟通，协调协助发行人确定发行方案及发行窗口
评级机构	信用评级尽职调查、出具信用评级报告
审计机构	对一期财务报表无强制性审计要求；提供募集说明书引用的数据与审计报告一致的说明
律师事务所	法律尽职调查，出具法律意见书和律师工作报告
担保机构（如有）	配合主承销商、评级公司、律师事务所等机构的尽职调查工作，出具担保函和提供担保所需的内部授权文件
交易所	负责安排公司债券的上市
中国证券登记结算公司	负责公司债券的登记、托管服务，包括利息支付、到期兑付等

2) 公司抵押债券

抵押债券是指债券发行人在发行一笔债券时，通过法律上的适当手段将债券发行人的资产设定为抵押物，一旦债券发行人出现偿债困难，则出卖这部分财产以清偿债务。为使抵押资产的市场价值下跌时债券持有者仍具有较高的安全性，用作抵押债券的资产价值通常大于债券发行总价值，并且债券发行人必须先到有关主管机构办理抵押权设定登记手续。当债券发行人无法履行还本付息的承诺时，抵押资产的债权代理人有权处置抵押物,并将所得净收入偿还给抵押债券的持有者。如果所得净收入不足以偿还债务,抵押债券持有人将变为普通债权人,未尝还部分的清偿要求等同于信用债券。由于抵押债券持有人具有优先处置抵押资产的权利,且抵押债券的资产价值通常大于债券发行总值,故较为安全。

抵押债券的流程通常如下。

(1) 将企业的抵押资产直接通过登记抵押给抵押权人。抵押权人为本期债券的全体持有人,只有在债券发行完毕后才能确定登记对象,完成登记后抵押合同才能成立并生效。

(2) 选定商业银行为抵押资产的监管人,对企业覆盖债券本息偿还部分的抵押资产进行监管。

(3) 债权代理人一般为主承销商或其他合格机构,当发行企业违约无法赔偿本息时,债权代理人将与抵押资产监管人共同代表全体债券持有人处置抵押资产以清偿未偿付本息。

(4) 监管人动态监督、跟踪抵押资产的价值变动情况,定期、不定期出具报告以此作为债券跟踪评级的重要依据,向媒体公示。

具体操作方案流程如图 4-3 所示。

3)碳债券概念及发展概况

中国广东核电集团有限公司副总经理谭建生先生在 2009 年 12 月 24 日《经济参考报》发表的题为《发行碳债券:支撑低碳经济金融创新重大选择》一文中提出了碳债券的概念。他认为,"碳债券是指政府、企业为筹集低碳经济项目资金而向投资者发行的、承诺在一定时期支付利息和到期还本的债务凭证,其核心特点是将低碳项目的减排收入与债券利率水平挂钩"。[①] 同时,谭建生先生提出碳债券可以采取固定利率加浮动利率的产品设计,将低碳项目一定比例的碳减排收入用于浮动利息的支

---

① 谭建生. 发行碳债券:支撑低碳经济金融创新重大选择[N]. 经济参考报,2009-12-24. http://business.sohu.com/20091224/n269177796.shtml.

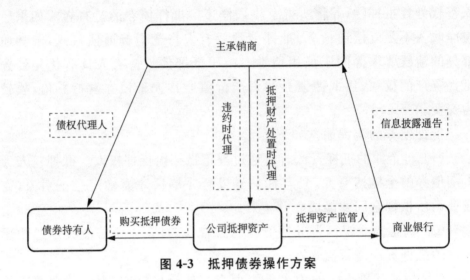

图 4-3   抵押债券操作方案

付,实现了项目投资者与债券投资者对于 CDM 收益的分享。①

中广核对于碳债券产品结构的设想在 2014 年成了现实。2014 年 5 月 12 日,10 亿元中广核风电有限公司附加碳收益中期票据在银行间交易商市场成功发行。该债券的固定利率部分为 5.65%,主要由发行人评级水平、市场环境和投资者对碳收益预期来判定。浮动利率与发行人下属 5 家风电项目在债券存续期内实现的碳交易收益正向关联,浮动利率的区间设定为 5~20BP。浮动利率的定价机制是:①当碳收益率等于或低于 0.05%(含募集说明书中约定碳收益率确认为零的情况)时,当期浮动利率为 5BP;②当碳收益率等于或高于 0.20%时,当期浮动利率为 20BP;③当碳收益率介于 0.05%~0.20%区间时,按照碳收益率换算为 BP 的实际数值确认当期浮动利率。

中广核财务有限责任公司副总经理任力勇认为:"'碳债券'作为一类全新的基础资产类型,其成功发行不仅仅是首次在银行间市场引入跨市场要素产品的债券组合创新,更是对未来国内碳衍生工具发展的一次大胆尝试。"深圳排放权交易所总裁陈海鸥表示,"'碳债券'发行不仅仅是一个金

---

① 谭建生,麦永冠.再论碳债券[J].中国能源,2013,(5).

融创新,更是传递着投资者对新兴排放市场的信心"。她还提出:"根据国家发展改革委自愿减排管理办法,CCER 是可以在全国市场流通的,如通过与债券的结合,可实现银行间庞大的资金与绿色经济的充分融合。"同时,上海浦东发展银行总行投资银行部总经理杨斌也表示:风电、水电、光伏等新能源项目,要同"碳债券"挂钩,首先此类项目的碳减排信用额要能够被签发出来,其次是要有可交易的市场,来完成 CCER 定价,兑现收益。简而言之,只要能产生现金流,"债券"理论上均可复制。[①]

中广核发行的债券,本质上来讲属于公司信用债券,债券的发行主要还是依赖于中广核公司本身的信用评级,碳资产收益只作为浮动利率的绑定部分。本书通过对公司抵押债券的分析认为,随着中国碳市场不断完善与成熟,配额碳资产(各试点发放的企业配额)以及减排碳资产(CCER)的价格将趋于稳定,在市场定价功能得到充分发挥,其价值得到金融市场参与方的认可后,碳债券可以单独发行。控排企业可以通过将配额碳资产作为直接抵押物发行公司抵押型债券,进行债务融资,更好地为企业提供一个除了银行机构以外的融资渠道。项目业主公司则能够以减排碳资产作为抵押物进行抵押债券发行向社会公众进行融资,进行中国减排项目的开发。

3. 碳基金

1) 证券投资基金的基础知识

(1) 证券投资基金的概念

基金(funds)从广义上来讲是指为了某种目的设立的具有一定数量的资金,基金既可以用于证券投资,也可用于企业投资和项目投资。与股票和债券不同的是,基金是一种间接投资方式。通常人们所说的基金指的是证券投资基金,即通过发售基金份额,将众多投资者的资金集中起来,形成独立资产,由基金托管人托管,基金管理人管理,以投资组合的方法进行证券投资活动的一种利益共享、风险共担的集合投资方式[②],

---

① 蒋诗舟.碳资产+金融产品 首单"碳债券"能复制吗[N].经济日报,2014-05-14.

② 中国证券业协会.证券投资基金[M].北京:中国财政经济出版社,2011:1.

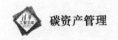

其简易模式如图 4-4 所示。

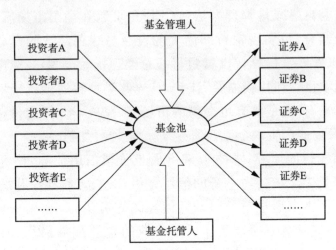

图 4-4　证券投资基金概念[①]

（2）证券投资基金的参与主体与运作关系

在通常情况下，证券投资基金参与主体一般包括三类，除基金投资人、基金管理人、基金托管人外，还包括市场服务机构和行业监管自律组织。前三者称为基金当事人。

证券投资基金三大参与主体的具体组织机构如表 4-2 所示。

表 4-2　基金主要参与主体[②]

分　　类	组　织　机　构
基金当事人	基金持有人：也就是基金的投资者，是证券投资基金资产最终所有人，也是证券投资基金收益的受益人和承担基金投资风险的责任人。 基金管理人：是适应投资基金的投资运作而产生的基金经营机构，是投资基金的资产管理者和基金投资运作的决策者。

---

①　中国证券业协会.证券投资基金[M].北京:中国财政经济出版社,2011:2.
②　中国证券业协会.证券投资基金[M].北京:中国财政经济出版社,2011:5-7.

续表

分　类	组 织 机 构
	基金托管人：为了充分保障基金投资者的权益，防止基金资产财产被挪作他用，确保基金资产规范运作和安全完整，被基金委托的，负责保管基金全部财产的机构。在我国，基金托管人必须由符合特定条件的商业银行担任。
市场服务机构	基金销售机构、基金注册登记机构、律师事务所和会计师事务所
监管自律组织	基金监管机构（证监会）、基金自律机构（证券业协会）

证券投资基金运作过程中三大主体的相互关系如图 4-5 所示。

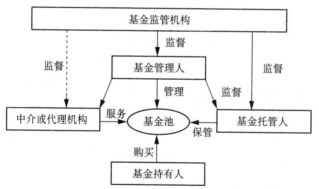

图 4-5　基金的运作流程①

（3）证券投资基金的分类

由于构成证券投资基金的要素有很多种，因此可以根据不同的要素作为标准对基金进行分类。在通常情况下，证券投资基金分类如表 4-3 所示。

---

① 中国证券业协会.证券投资基金[M].北京：中国财政经济出版社，2011：8.

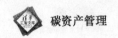

表 4-3　证券投资基金的分类及其概念与内涵[①]

分类标准	具体类型	概 念 与 内 涵
基金组织方式	契约型基金/单位信托基金	是指把投资者、管理人、托管人三者作为基金的当事人,通过签订基金契约的形式,发行受益凭证而设立的一种基金
	公司型基金	是指按照公司法以公司形态组成的基金,该基金公司以发行股份的方式募集资金,一般投资者通过认购基金购买该公司的股份,成为该公司的股东,凭其持有的股份依法享有投资收益
基金运作方式	封闭式基金/固定型投资基金	基金的发起人在设立基金时,限定了基金单位的发行总额,筹集到这个总额后,基金即宣告成立,并进行封闭,在一定时期内不再接受新的投资
	开放式基金	是指基金管理公司在设立基金时,发行基金单位的总份额不固定,可视投资者的需求追加发行的一种基金
基金投资目的	成长型基金稳健成长型基金积极成长型基金	是基金中最常见的一种,它追求的是基金资产的长期增值。通常将基金资产投资于信誉度较高、有长期成长前景或长期盈余的所谓成长公司的股票
	收入型基金固定收入型基金股票收入型基金	收入型基金主要投资于可带来现金收入的有价证券,以获取当期的最大收入为目的。固定收入型基金的主要投资对象是债券和优先股
	平衡型基金	平衡型基金将资产分别投资于两种不同特性的证券上,并在以取得收入为目的的债券及优先股和以资本增值为目的的普通股之间进行平衡。这种基金一般将 25%~50% 的资产投资于债券及优先股,其余的资产投资于普通股

---

① 中国证券业协会.证券投资基金[M].北京:中国财政经济出版社,2011:22-29.

续表

分类标准	具体类型	概念与内涵
基金投资标的	债券基金	债券基金以债券为主要投资对象,债券投资比例须在80%以上
	股票基金	股票基金以股票为主要投资对象,股票投资比例须在60%以上
	货币市场基金	是以货币市场工具为投资对象的一种基金。其投资对象一般期限在一年内,包括银行短期存款、国库券、公司债券、银行承兑票据及商业票据等
	混合型基金	主要从资产配置的角度看,股票、债券和货币的投资比例设有固定的范围
基金募集对象	公募基金	是受政府主管部门监管的,向不特定投资者公开发行受益凭证的证券投资基金。在法律的严格监管下,这些基金有信息披露、利润分配、运行限制等行业规范
	私募基金/私人股权投资/私募股权投资	指称对任何一种不能在股票市场自由交易的股权资产的投资。被动的机构投资者可能会投资私人股权投资基金,然后交由私人股权投资公司管理并投向目标公司。私人股权投资可以分为以下种类:杠杆收购、风险投资、成长资本、天使投资和夹层融资以及其他形式。私人股权投资基金一般会控制所投资公司的管理,而且经常会引进新的管理团队以使公司价值提升
基金投资理念	主动型基金	在通常情况下,主动型基金以寻求取得超越市场的业绩表现为目标
	被动型基金/指数型基金	在通常情况下,选取特定的指数成分股作为投资的对象,不主动寻求超越市场的表现,而是试图复制指数的表现

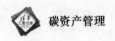

分类标准	具体类型	概念与内涵
其他特殊 类型基金	对冲基金/避险 基金/套期保值 基金	采用对冲交易手段的基金称为对冲基金(hedge fund)也称避险基金或套期保值基金。是指金融 期货和金融期权等金融衍生工具与金融工具结 合后以盈利为目的的金融基金
	套利基金/套汇 基金	套利基金,又称套汇基金,是指将募集的资金主 要投资于国际金融市场,并利用套汇技巧,低买 高卖进行套利,以获取收益的证券投资基金
	黄金基金	是指以黄金或者其他贵金属及其相关产业的证 券为主要投资对象的一种基金。其收益率一般 随贵金属的价格波动而变化
	衍生证券基金	指以衍生证券为投资对象的证券投资基金,主要 包括期货基金、期权基金和认购权证基金

(4) 证券投资基金的成立与发行

在一般情况下,基金的成功发行上市要经历基金成立和基金发行两个步骤:成立基金发起人基金公司和向投资者募集基金份额。如图 4-6 所示,在某些情形下,基金设立和基金募集这两个步骤可以同时进行,在基金设立的同时,开展基金募集工作。待两个步骤完成之后,基金公司则可根据相关规定与法规进行证券投资活动。

2) 碳基金

从广义上来讲,碳基金(carbon funds)是一种由政府、金融机构、企业或个人投资设立的,通过在全球范围购买碳减排信用额、投资于温室气体减排项目或投资于低碳发展相关活动,从而获取回报的投资工具。碳基金主要分为三种类型:狭义碳基金、碳项目机构和政府采购计划。其中狭义碳基金被理解为:在碳交易市场产生的初期,碳基金主要是指利用公共或私有资金在市场上购买京都机制下的碳金融产品的投资契

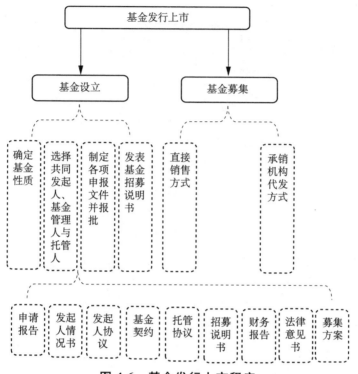

图 4-6　基金发行上市程序

约。① 而随着碳交易市场的发展,资金投资的标的物或者说投资范围也同时拓展到非京都机制下产生的碳信用产品。本书主要采用狭义碳基金的概念来论述碳基金在全球碳金融市场,尤其是中国区域碳市场作为一种原生投资工具的运用和发展。

（1）国际碳基金的发展概况

在过去的数十年时间内,全球碳金融市场的市值绝大部分来自欧盟碳交易体系。欧盟是全球碳金融市场最为活跃的地区,且欧盟是目前强制履约市场中的最大需求方,因此,欧洲也成为碳基金的聚集地。世界银行作为很多欧洲碳基金的委托方和管理方管理着超过数十亿美元的

---

① 碳基金课题组,国际碳基金研究[M]. 北京:化学工业出版社,2013:37-39.

12 个碳基金与融资基金,①如表 4-4 所示。

表 4-4　世界银行碳基金一览②

碳基金名称	成立时间	计划投资总额	组织形式	投资领域
原型碳基金	1999 年	18 000 万美元	公私合作组织;6个国家和 17 家私营公司出资;世界银行管理	投资覆盖 24 个位于全球发展中国家和转轨中不同部门的项目(能源、工业、垃圾管理、土地治理以及可再生能源)
社区发展碳基金	2004 年	12 860 万美元	公私合作组织;由世行运作管理	主要针对世界最落后的国家和地区(小规模)
荷兰清洁发展机制基金	2004 年	4 400 万欧元	由世界银行和国际货币基金组织发起,由世行管理	支持发展中国家在清洁发展机制下产生碳减排信用额的项目
荷兰欧洲碳基金	2004 年	18 000 万美元	由世界银行和国际货币基金组织发起;由世行管理	支持乌克兰、俄罗斯和波兰等实施的 JI 项目
丹麦碳基金	2005 年	7 000 万美元	由丹麦政府和私人部门发起;由世行管理	支持风能以及热力和电力(联合发电)、水电、生物质能源以及垃圾填埋等项目
西班牙碳基金	2005 年	17 000 万欧元	由西班牙政府发起;由世行管理	主要投资东亚和太平洋地区以及拉丁美洲与加勒比地区的项目,并覆盖一系列广泛的技术,其中包括 HFC-23 消除、垃圾管理、风电、水电、运输等

---

① 碳基金课题组,国际碳基金研究[M]. 北京:化学工业出版社,2013:75.
② 碳基金课题组,国际碳基金研究[M]. 北京:化学工业出版社,2013:77.

续表

碳基金名称	成立时间	计划投资总额	组织形式	投资领域
伞形碳基金	2006 年	25 000 万美元	由政府和私人部门发起；私人资金占 75%；由世行管理	它将世界银行管理的碳基金和其他参与机构的资金统筹在一起，从大型项目中购买减排量
欧洲碳基金	2007 年	5 000 万美元	由爱尔兰、卢森堡、葡萄牙三国政府、比利时弗兰芒区政府和挪威议价私营公司共同出资成立。由世行和欧洲投资银行管理	致力于帮助欧洲国家履行《京都议定书》和欧盟《排放额交易计划》的承诺
生物碳基金	2007 年	9 190 万美元	公私合作组织；作为一种信托基金由世行管理	为保持林业和农业生态系统中的碳的项目提供支持，同时推动生物多样性保护和减轻贫困

　　狭义碳基金的典型案例是欧洲碳基金（The European Carbon Fund）。2005 年，法国开发银行（Caisse des Depots）和富通银行（Fortis Bank）建立欧洲碳基金，总额为 14.27 亿欧元，主要用于投资购买京都机制下 CDM 项目和 JI 项目产生的碳减排信用额。欧洲碳基金由南提西斯环境与基础事业部日常管理和执行。该基金完全是投资获利驱动型基金。其他碳基金的案例还有摩洛哥碳基金（The Carbon Capital Fund Morocco）、德夏碳基金（Dexia Carbon Fund）、气候变化投资碳基金（Climate Change Investment 1 & 2）、艾卡碳基金（Arkx Carbon Fund）等。

　　（2）国际碳基金的运作模式

　　碳基金运作模式，是指运行和管理碳基金的管理结构及其运行机

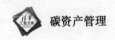

理,本质上是碳基金内部各项管理系统的内在联系、功能及运行原理,是决定碳基金运行管理效率的核心。[1] 国际碳基金通用的运作模式如图4-7所示。

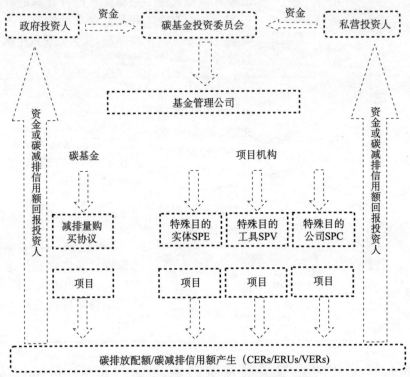

图 4-7 国际碳基金的通用运作模式[2]

从运作模式方面看,碳基金大多数以信托的方式建立,通过基金投资者和基金管理公司之间建立起托管人与受益人之间的关系。类似证券投资基金,碳基金一般都有严格的法律框架结构,由基金投资人、基金管理人、基金托管人等组成。通常来讲,碳基金管理权力机构一般为出资方委员会和出资方大会;碳基金的执行机构是基金托管人;碳基金的

---

① 碳基金课题组.国际碳基金研究[M].北京:化学工业出版社,2013:57.
② 碳基金课题组.国际碳基金研究[M].北京:化学工业出版社,2013:58.

业务管理由碳基金管理团队执行。此外,东道国委员会作为碳基金的监督建议机构,同时还有外部技术委员会提供外部支持。碳基金具体的管理模式如图 4-8 所示。①

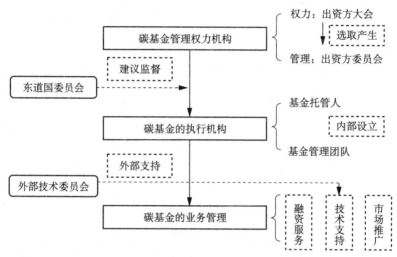

图 4-8　国际碳基金的一般管理模式

对私有基金而言,碳基金的管理权力机构由股东会、董事会和基金管理人组成。以欧洲碳基金为例,碳基金的管理机构是股东任命的董事会,而 Natixis 的碳金融团队负责基金的具体管理,同时 CACEIS 银行卢森堡分行负责基金的行政管理和资金储存。

（3）碳基金在中国的应用与发展

在中国,虽然也有中国绿色碳基金、中国清洁发展机制基金、低碳产业基金、国龙碳汇基金、浙商私募诺海低碳基金和湖北节能创新（股权）投资基金等,但是这些基金是投资于低碳能力建设、低碳项目和节能减排新型企业股权等领域,并没有直接参与到碳交易中,并不能称为真正意义上的碳基金。在一些著作中,它们被称为"准碳基金"。②

①　碳基金课题组.国际碳基金研究［M］.北京:化学工业出版社,2013:60-63.
②　碳基金课题组.国际碳基金研究［M］.北京:化学工业出版社,2013:99-106.

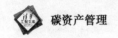

2011 年 10 月 21 日，我国第一支投资于碳资产开发的基金正式成立。该基金全称为"建信—华能碳资产开发投资基金集合资金信托计划"，简称为"华能碳资产开发投资基金"，基金总规模为 5 000 万元人民币。华能碳资产有限公司、维多石油和富地石油分别投资 1 000 万元人民币，剩下的 2 000 万元人民币由个人投资者出资。华能碳资产开发投资基金的发起人与投资顾问是华能碳资产有限公司，基金受托人是建信信托有限责任公司，其实际管理机构为华能贵诚信托公司。该基金是封闭式契约型信托型基金，主要投资于 CDM 项目、自愿减排类型项目以及国内碳减排机制下的项目开发。①

2014 年 10 月，深圳嘉碳资本管理有限公司推出了我国首支碳基金，具体包括嘉碳开元投资基金和嘉碳开元平衡基金。其中，嘉碳开元投资基金的基金规模为 4 000 万元，运行期限为三年，其将募集资金投资于新能源及环保领域中的 CCER 项目，形成可供交易的标准化碳资产，通过交易获取差额利润。嘉碳开元平衡基金的基金规模为 1 000 万元，运行期限为 10 个月，主要用于碳配额的投资运作，以深圳、广东、湖北三个市场为投资对象。

2014 年 11 月 27 日，由诺安资产管理有限公司发行的，全国首支投资于国内碳市场配额交易的碳基金在湖北碳排放权交易中心发布。同时，这也是全国首支向证监会备案的"碳排放专项资金管理计划"。该基金的总规模为 3 000 万元人民币。②

随着中国碳试点工作的逐步开展，区域型碳交易市场已逐步形成，

---

① 建信—华能碳资产开发投资基金集合资金信托计划信托事务管理报告（第一期）[EB/OL]. 建信信托有限责任公司 . 2012-12-14. http://www.ccbtrust.com.cn/templates/second/index.aspx? nodeid=15&page=ContentPage&contentid=640. 华能碳资产开发投资基金成立 [EB/OL]. 华能集团公司 . 2011-10-26. http://www.chng.com.cn/n31531/n31603/c639010/content.html. 华能碳资产开发投资基金成立暨签约仪式在京举行[EB/OL]. 中国电力企业联合会 . 2011-11-14. http://www.cec.org.cn/zdlhuiyuandongtai/fadian/2011-11-14/74199.html.

② 诺安资管携手华能集团发布全国首支碳排放金融产品[EB/OL]. 诺安基金管理有限公司. 2014-11-26. http://www.lionfund.com.cn/info.do? Smunu=dongtai&&contentid=110959.

国内碳金融产品也不断被丰富,除了原有的 CER,现在还有各试点省市的碳排放配额和用于抵消机制的中国核证减排量 CCER,今后还会有配额期货、CCER 期货等碳金融衍生品出现。在现阶段,国际碳基金的信托管理运行模式可以被国内碳市场借鉴。

在我国,与碳金融产品相关的交易体系和监管体系等的建立都有待完善。只有当各区域市场碳价趋于稳定或者全国统一碳交易市场形成时,碳市场的价格发现功能才能得到充分发挥,碳基金才可以参考证券投资基金模式进行设立和运行。如果碳资产被赋予证券资产的属性,碳金融市场被完全纳入证券市场①,统一由中国证券监督管理委员会进行监督管理,国内碳基金则可按照证券投资基金运作相关法律法规规定的流程进行,成为特殊的证券投资基金。在碳基金作为碳金融产品产生的过程中,各类金融机构,如商业银行、证券公司、投资银行等都需要充分参与到碳金融市场中,与其配套的服务机构,如碳资产审计公司、碳信用评级公司等,也需政策支持并依赖碳市场的发展。②

4.2.2 碳金融基本衍生工具

金融衍生工具(financial derivatives)是对一种特殊类别买卖的金融工具的统称。这种买卖的回报率是根据一些其他金融要素的表现情况衍生出来的,如资产(商品、股票或债券)、利率、汇率,或者各种指数(股票指数、消费者物价指数,以及天气指数)等。这些要素的表现会决定一个衍生工具的回报率和回报时间。衍生工具的主要类型有期货、期权、权证、远期合约、互换等,这些期货、期权合约都能在市场上买卖。金融

---

① 周慧,刘棉.湖北发布全国首支 3 000 万碳基金 引导排放大户参与市场[EB/OL].水晶碳投. 2014-11-26. http://mp. weixin. qq. com/s? ＿＿biz＝MzA3ODA2NDYwOA＝＝＆mid＝201735390＆idx＝1＆sn＝7c5c4aefad53886e3b96e618ead1a7b0＆scene＝1＆from＝singlemessage＆isappinstalled＝0#rd.

② 碳基金课题组. 国际碳基金研究[M].北京:化学工业出版社,2013:108.

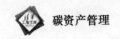

衍生工具的主要功能是进行与原生金融工具相关的风险对冲、投机或套利。

1. 碳远期

1) 远期的基础知识

远期/远期合约（forwards/forward contract），是指一种交易双方约定在未来的某一确定时间，以确定的价格买卖一定数量的标的物的合约。标的物可以是实物商品，如大豆和铜，也可以是金融产品，如外汇、股票指数等。远期合约实际上是一种保值工具，合约中必须规定的交易的标的物、有效期和交割时的执行价格等内容是可以由买卖双方自行商定的，是非标准化合约。同时，远期合约也是必须履行的协议。

2) 碳远期

碳金融市场虽然发展时间并不长，但是远期交易在碳交易产生初期就已经开始存在。原始的 CDM 交易实际上属于一种远期交易。买卖双方通过签订减排量购买协议（Emission Reductions Purchase Agreement，ERPA）约定在未来的某一时间段内，以某一特定的价格对项目产生的特定数量的减排量进行的交易。在碳交易市场发展初期，ERPA 中规定的价格机制基本上都是固定价格。目前，由于碳市场的低迷，CDM 交易中的固定价格机制基本上都被浮动定价机制所取代。碳远期这种碳金融衍生品在京都机制下已经发展得十分成熟，其操作流程和交易流程也比较清晰。在我国，自愿减排机制项目的远期合同已经在各碳交易试点出现。

目前，湖北试点碳市场和上海试点碳市场分别推出了湖北配额现货远期产品与上海配额现货远期产品。

（1）湖北配额现货远期。现货远期交易是指市场参与人按照交易中心规定的交易流程，在交易中心平台买卖标的物，并在交易中心指定的履约期内交割标的物的交易方式。现货远期交易的标的物为经湖北省发改委核发的在市场中有效流通并能够在当年度履约的碳排放权。市场参与者主要包括国内外机构、企业、组织和个人,但第三方核证机构与结算银行除外。主要产品参数如表 4-5 所示。

表 4-5 现货远期交易的主要产品参数

名 称	参 数	名 称	参 数
交易代码	HBEA+年月	交易时间	每周一至周五 9:30 至 11:30;13:00 至 15:00,以及交易中心公告的其他时间
交易单位	手(100 吨)	最小交收申报量	1 手
报价单位	元(人民币)/吨	交易手续费	订单价值的 0.05%
最小变动单位	0.01 元/吨	违约金	交易价值的 20%
每日价格最大变动	不超过上一个交易日结算价±4%	结算方式	当日结算制度
最小单笔交易量	1 手	履约方式	电子履约
结算准备金	不得低于零	履约手续费	履约价值的 0.45%
最低交易保证金比例	20%	最后交易日	履约月份第 10 个交易日
履约月份	××××年 5 月	最后履约日	最后交易日后第 5 个交易日

(2)上海配额现货远期。上海碳配额远期,是指以上海碳排放配额为标的、以人民币计价和交易的,在约定的未来某一日期清算、结算的远期协议(见表 4-6)。在上海配额远期交易过程中,上海环交所为上海碳配额远期提供交易平台,组织报价和交易上海清算所为上海碳配额远期交易提供中央对手清算服务,进行合约替代并承担担保履约的责任。

表 4-6　上海碳配额远期

名　称	参　数
产品名称	上海碳配额远期
协议名称	上海碳配额远期协议
产品简称	SHEAF
协议规模	100 吨
报价单位	元人民币/吨
最低价格波幅	0.01 元/吨
协议数量	交易单位的整数倍,交易单位为"个"
协议期限	当月起,未来 1 年的 2 月、5 月、8 月、11 月月度协议
成交数据接收	交易日 10:30～15:00
每日结算价格	根据上海清算所发布的远期价格确定
最终结算价格	最后 5 个交易日日终结算价的算术平均
最后交易日	到期月倒数第 5 个工作日
最终结算日	最后交易日第 1 个工作日
交割品种	可用于到期月协议所在碳配额清缴周期清缴的碳配额

2. 碳期货

1) 期货的基础知识

(1) 期货的概念和分类。所谓的期货(futures),是指期货合约。通常来讲,它是包含金融工具或未来交割实物商品销售(一般在商品交易所进行)的金融合约。我国《期货交易管理条例》第八章第八十五条,明确了期货的定义为"期货合约,是指由期货交易所统一制定的规定在某一特定的时间和地点交割一定数量标的物的标准化合约"。期货是一种衍生性金融产品,按现货标的物的种类,期货可分为商品期货与金融期货两大类。其中商品期货的标的物包括农产品、工业品、能源和其他商品及其相关指数产品;金融期货的标的物包括有价证券、利率、汇率等金融产品及其相关指数产品。[①] 具体期货合约类型和交易品种如图 4-9

---

① 　中国期货业协会.期货法律法规汇编[M].北京:中国财政经济出版社,2011:21.

所示。

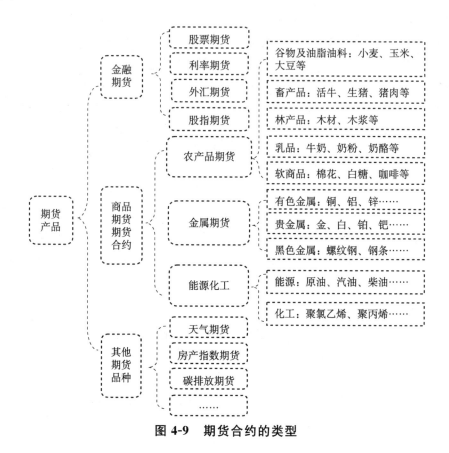

图 4-9　期货合约的类型

（2）期货的功能及其机理。期货合约的两大基本功能是风险规避功能与价格发现功能。

① 风险规避功能的内涵。风险规避功能是指期货市场能够规避现货价格波动的风险。这主要是期货市场的参与者通过套期保值交易实现的。规避价格风险并不意味着期货交易本身无价格风险。实际上，期货价格的上涨或下跌既可以使期货交易盈利，也可以使期货交易亏损。在期货市场进行套期保值交易的主要目的，并不在于追求期货市场上的

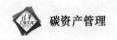

盈利,而是要以一个市场上的盈利抵补另一个市场的亏损。[1]

② 风险规避功能的机理案例。正如上文所提到的,期货的风险规避功能是通过套期保值交易实现的。广义上的套期保值是指企业在一个或一个以上的工具上进行交易,预期全部或部分对冲其生产经营中所面临的价格风险的方式。套期保值主要分成两类:卖出套期保值和买入套期保值。[2]

卖出套期保值(selling hedging),又称空头套期保值(short hedging),是指套期保值者通过在期货市场建立空头头寸,预期对冲其目前持有的或者未来将卖出的商品或资产的价格下跌风险进行的操作。

买入套期保值(buying hedging),又称多头套期保值(long hedging),是指套期保值者通过在期货市场建立多头头寸,预期对冲其现货商品或资产的空头,或者未来将买入的商品或资产的价格上涨风险进行的操作。

两者的区别如表 4-7 所示。

表 4-7　卖出套期保值与买入套期保值的区别

	现 货 市 场	期 货 市 场	目　　的
卖出套期 保值	现货多头或未来要 卖出现货	期货空头	防范现货市场价格 下跌风险
买入套期 保值	现货空头或未来要 买入现货	期货多头	防范现货市场价格 上涨风险

其一,卖出套期保值的应用案例。

10 月初,某地玉米现货价格为 1 710 元/吨。当地某农场预计年产玉米 5 000 吨。该农场对当前的价格比较满意,但是担心新玉米上市后,销售价格会下跌,该农场决定进行期货套期保值交易。当日卖出 500 手

---

① 中国期货业协会. 期货市场教程[M]. 北京:中国财政经济出版社,2011:14-15.
② 中国期货业协会. 期货市场教程[M]. 北京:中国财政经济出版社,2011:94-95.

(每手 10 吨)第二年 1 月份交割的玉米期货合约进行套期保值,成交价格为 1 680 元/吨。

    a. 到了 11 月,玉米现货价格涨至 1 950 元/吨,玉米期货价格涨至 1 920 元/吨。

    b. 到了 11 月,玉米现货价格跌至 1 450 元/吨,玉米期货价格跌至 1 420 元/吨。

    现货价格上涨和下跌时的套期保值结果分别如表 4-8 和表 4-9 所示。

表 4-8　卖出套期保值案例(价格上涨情形)

	现货市场	期货市场
10 月 5 日	市场价格 1 710 元/吨	卖出第二年 1 月份玉米期货合约,1 680 元/吨
11 月 5 日	平均售价 1 950 元/吨	买入玉米期货合约进行平仓,1 920 元/吨
盈亏	盈利 240 元/吨	亏损 240 元/吨

表 4-9　卖出套期保值案例(价格下降情形)

	现货市场	期货市场
10 月 5 日	市场价格 1 710 元/吨	卖出第二年 1 月份玉米期货合约,1 680 元/吨
11 月 5 日	平均售价 1 450 元/吨	买入玉米期货合约进行平仓,1 420 元/吨
盈亏	亏损 240 元/吨	盈利 240 元/吨

    其二,买入套期保值的应用案例。

    某一铝型材厂的主要原料是铝锭,某年 3 月初铝锭的现货价格为 16 430 元/吨。该厂计划五月份使用 600 吨铝锭。由于目前库存已满且能满足当前生产使用,如果现在购入,要承担仓储费和资金占用成本,而如果等到 5 月份购买可能面临价格上涨的风险。于是该厂决定进行铝

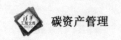

锭的买入套期保值。3月初,该厂以 17 310 元/吨的价格买入 120 手(每手 5 吨)6 月份到期的铝期货合约。

a. 到了 5 月初,铝锭现货价格上涨至 17 030 元/吨,期货价格涨至 17 910 元/吨。此时,该铝型材厂按照当前的现货价格购入 600 吨铝锭,同时将期货多头头寸对冲平仓,结束套期保值。

b. 假如 5 月初铝锭的价格不涨反跌,现货、期货都下跌了 600 元/吨。

现货价格上涨和下跌时的套期保值结果分别如表 4-10 和表 4-11 所示。

表 4-10 买入套期保值案例(价格上涨情形)

	现 货 市 场	期 货 市 场
3 月初	市场价格 16 430 元/吨	买入 6 月份铝期货合约,17 310 元/吨
5 月初	买入价格 17 030 元/吨	卖出铝期货合约进行平仓,17 910 元/吨
盈亏	亏损 600 元/吨	盈利 600 元/吨

表 4-11 买入套期保值案例(价格下降情形)

	现 货 市 场	期 货 市 场
3 月初	市场价格 16 430 元/吨	买入 6 月份铝期货合约,17 310 元/吨
5 月初	买入价格 15 830 元/吨	卖出铝期货合约进行平仓,16 710 元/吨
盈亏	盈利 600 元/吨	亏损 600 元/吨

其三,价格发现功能的内涵及其机理。

价格发现功能是指期货市场能够预期未来现货市场的变动,发现未来的现货价格。期货价格可以作为未来某一时期现货价格变动趋势的"晴雨表"。价格发现不是期货市场所特有的,但是期货市场比其他市场具有更高的价格发现效率。这主要是因为期货市场是一种接近于完全竞争市场的高度组织化和规范化的市场,拥有大量的买者和卖者,采用集中的公开竞价交易方式,各类信息高度聚集并迅速传播。因此,期货市场的价格形成机制较为成熟和完善,能够形成真实有效地反映供求关系的期货价格。[①]

现实的市场经济发展已充分证明,期货市场发现价格的基本功能在很大程度上弥补了现货市场的价格缺陷,推动了价格体系的完善,促进了市场经济的发展。[②]

2) 碳期货概述

随着商品期货和金融期货交易的不断发展,人们对期货市场机制和功能的认识不断深化。期货作为一种成熟、规范的风险管理工具,作为一种高效的信息汇集、加工和反映机制,其应用范围可以扩展到经济社会的其他领域。因而,在国际期货市场上推出了除传统的商品期货和金融期货以外的品种,如天气期货、房地产指数期货、消费者物价指数期货、碳排放权期货等。这里所提到的碳排放权期货即碳期货。

碳期货是指以碳排放权现货合约为标的资产的期货合约。对买卖双方而言,进行碳期货交易的目的不在于最终进行实际的碳排放权交割,而是排放权拥有者(套期保值者)利用期货自有的套期保值功能进行碳金融市场的风险规避,将风险转移给投机者。此外,期货的价格发现功能也在碳金融市场得到很好的应用。[③]

(1) 国际碳期货的发展状况。目前,全球主要的碳期货产品如下。

① 欧洲气候交易所碳金融合约(ECX CFI),欧洲气候交易所的碳金融期货合约是在欧盟排放交易体系下的高级的、低成本的金融担保工具。

---

① 中国期货业协会.期货市场教程[M].北京:中国财政经济出版社,2011:15.

② 中国期货业协会.期货市场教程[M].北京:中国财政经济出版社,2011:16.

③ 王苏生,常凯.碳金融产品与机制创新[M].深圳:海天出版社.2014:36-37.

② 排放指标期货(EUA Futures),该商品由交易所统一制定、实行集中买卖、规定在将来某一时间和地点交割一定质量与数量的 EUA Futures 的标准化合约。其价格是在交易所内以公开竞价方式达成的。

③ 经核证的减排量期货(CER Futures),欧洲气候交易所为了适应不断增长的 CER 市场的需要,在 ICE Futures 推出了经核证的减排量期货合约,以避免 CER 价格大幅度波动带来的风险。

以下将以 ICE 交易平台的标准化 EUA 期货合约为例进行分析。EUA 标准期货合约要素的主要内容如表 4-12 所示。ICE 交易平台上 EUA 期货合约具体交易品种如表 4-13 所示。

表 4-12　ICE 交易平台 EUA 期货合约要素的内容

合 约 要 素	EUA 期货（EUA Futures）
交易系统平台	洲际交易所欧洲期货市场的电子平台
交易单位/合约规模	一张期货合约,为 1 000 吨 EUA(One Lot)
最小交易规模	One Lot
报价	欧元及欧分/吨 (Euro€)and Euro cent (c)per metric tonne)
最小波幅	€ 0.01/吨
每日价格最大波动限制	无限制
合约到期月份	季度到期合约:3 月份、6 月份、9 月份到期合约; 年度到期合约:12 月份到期合约;直到 2020 年为止。 在季度到期合约期间会有最近连续的月到期合约,因此,在此季度期货合约交易中,会有三个月连续的到期合约。如表 4-13 所示,目前最近连续三个到期的合约是 2014 年 11 月份到期合约,2014 年 12 月份到期合约及 2015 年 1 月份到期合约。当 2014 年 11 月份到期月份进行交割后,将会有 2015 年 2 月份到期合约,以此类推
到期日	到期日一般为到期月份的最后一个周一。如果最后一个周一是非工作日或最后一个周一之后连续四日都是非工作日,则到期日为该到期月份的倒数第二个周一

续表

合 约 要 素	EUA 期货（EUA Futures）
交易模式	交易时间内连续交易
交易时间	纽约,02:00～12:00;伦敦,07:00～17:00;新加坡, 15:00～01:00 * * 第二天
结算价格	每日结算价格一般为每日收盘期间(英国时间16:50:00～16:59:59)的加权平均值。如果流动性比较小的话,将使用挂牌结算价
结算方式	该期货合约的结算采用转移方式,通过 EU-ETS 注册处买家账户将 EUAs 转移到买家账户。所有的转移都会经过清算会员账户和洲际交易所欧洲清算中心。一般到期日后的第三日进行交割
清算	洲际交易所欧洲清算中心将作为所有交易的核心合约方,保证旗下会员的合约清算
保证金	欧洲清算中心将采用通常的方式来收取交易原始保证金和追加保证金

数据来源:ICE交易平台数据。

表 4-13 ICE 交易平台的 EUA 交易品种

合约标识	首个交易日	最后交易日	第一交割通知日	最后交割通知日
11/2014	8/19/2014	11/24/2014	11/24/2014	11/24/2014
12/2014	4/28/2008	12/15/2014	12/15/2014	12/15/2014
1/2015	10/28/2014	1/26/2015	1/26/2015	1/26/2015
3/2015	10/31/2011	3/23/2015	3/23/2015	3/23/2015
6/2015	2/1/2013	6/29/2015	6/29/2015	6/29/2015
9/2015	2/1/2013	9/28/2015	9/28/2015	9/28/2015
12/2015	8/6/2010	12/14/2015	12/14/2015	12/14/2015
3/2016	2/1/2013	3/14/2016	3/14/2016	3/14/2016
6/2016	2/1/2013	6/27/2016	6/27/2016	6/27/2016

续表

合约标识	首个交易日	最后交易日	第一交割通知日	最后交割通知日
9/2016	2/1/2013	9/26/2016	9/26/2016	9/26/2016
12/2016	8/6/2010	12/19/2016	12/19/2016	12/19/2016
3/2017	11/14/2014	3/27/2017	3/27/2017	3/27/2017
6/2017	11/14/2014	6/26/2017	6/26/2017	6/26/2017
9/2017	11/14/2014	9/25/2017	9/25/2017	9/25/2017
12/2017	8/6/2010	12/18/2017	12/18/2017	12/18/2017
3/2018	11/14/2014	3/19/2018	3/19/2018	3/19/2018
6/2018	11/14/2014	6/25/2018	6/25/2018	6/25/2018
9/2018	11/14/2014	9/24/2018	9/24/2018	9/24/2018
12/2018	8/6/2010	12/17/2018	12/17/2018	12/17/2018
3/2019	11/14/2014	3/25/2019	3/25/2019	3/25/2019
6/2019	11/14/2014	6/24/2019	6/24/2019	6/24/2019
9/2019	11/14/2014	9/30/2019	9/30/2019	9/30/2019
12/2019	8/6/2010	12/16/2019	12/16/2019	12/16/2019
3/2020	11/14/2014	3/30/2020	3/30/2020	3/30/2020
6/2020	11/14/2014	6/29/2020	6/29/2020	6/29/2020
9/2020	11/14/2014	9/28/2020	9/28/2020	9/28/2020
12/2020	8/6/2010	12/14/2020	12/14/2020	12/14/2020

数据来源：ICE 交易平台数据。

（2）碳期货在中国碳市场的应用与发展。目前，在我国碳金融市场，各试点碳排放权交易所都设有与配额相关的现货交易，七个交易试点大多也表示会尽快推出碳排放权期货交易，但是从国家政策、国内期货市场监管以及碳交易体系来看，碳排放权期货合约的推出并不是一朝一夕的事情。

我国能够进行期货合约买卖的场所共有四个期货交易所：郑州商品交易所、大连商品交易所、上海期货交易所和中国金融期货交易所。我国从事期货交易的四大期货交易所都是会员制，受中国证券监督管理委员会的统一监督和管理。中国证券监督管理委员会第 42 号令规定:"设立期货交易所,由中国证监会审批。未经批准,任何单位或者个人不得设立期货交易所或者以任何形式组织期货交易及其相关活动。"[①]同时,期货产品的上市也受到严格的监管。国内四大期货交易所的主要交易品种如表 4-14 所示。

表 4-14　中国四大期货交易场所

交 易 所 名 称	交 易 品 种
郑州商品交易所	小麦(包括优质强筋小麦和硬白小麦)、棉花、白糖、精对苯二甲酸、菜籽油、早籼稻、玻璃、菜籽、菜粕、甲醇等期货品种
大连商品交易所	玉米、黄大豆 1 号、黄大豆 2 号、豆粕、豆油、棕榈油、线型低密度聚乙烯、聚氯乙烯和焦炭、焦煤期货等品种
上海期货交易所	以金属、能源、化工等工业基础性产品及相关衍生品交易为主;交易品种有黄金、白银、铜、铝、锌、铅、螺纹钢、线材钢、燃料油、天然橡胶等期货合约
中国金融期货交易所	沪深 300 指数期货合约; 国债期货,面值为 100 万元人民币,票面利率为 3% 的中期国债

在欧洲,大多数国家的期货交易所实施的都是公司制。同时,在欧盟碳交易体系下,碳排放权的交易平台大都是区域内已有的能源交易所或气候交易所。碳排放权是作为一个新的交易品种出现在成熟的交易平台上。这一点与我国的碳交易体制建立有很大的不同,现阶段,我国碳排放权交易是在各试点下成立的碳交易所进行的,交易平台本身就处于新建立阶段,整个交易机制不成熟。

但是考虑到期货合约工具具有极强的市场发现功能,并能够帮助我

---

① 中国证券监督管理委员会. 期货交易所管理办法［EB/OL］. 2007-04-09. http://www.gov.cn/ziliao/flfg/2007-04/13/content_581639.htm.

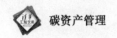

国在国际碳市场上掌握碳交易和碳定价的话语权,因此,我国应积极探索适合国内碳金融市场发展的碳期货交易体系。

3. 碳期权

1)期权的基础知识

(1)期权的内涵与特点。期权(options),也称为选择权,是指期权的买方有权约定在期限内,按照事先确定的价格,买入或卖出一定数量某种特定商品或金融工具的权利。期权交易实质上是一种权利的买卖。该权利为选择权,权利的购买方既可以行使在约定期限内买入或卖出标的商品或金融工具的权利,也可以放弃购买或者卖出标的商品或金融工具的权利。然而,当买方决定行使该权利时,卖方必须按约定履行义务。如果过了约定的期限,买方未行使权利,则期权作废,交易双方的权利与义务也随之解除。[1]

按行使期权的时限不同,期权可分为欧式期权和美式期权;根据买方行权方向的不同,期权可分为看涨期权(call options,购买标的物的权利)和看跌期权(put options,卖出标的物的权利);根据期权交易的场所的不同,期权分为场内期权和场外期权。

期权组成的基本要素主要有标的资产(underlying assets)、有效期(validity)和到期日(expiration date)、执行价格(exercise/strike price)、期权费(premium)、行权方向和行权时间、保证金(margin)等。各要素的具体内容如表 4-15 所示。

表 4-15　期权的基本要素、概念和内容[2]

基　本　要　素	概　念　和　内　容
标的资产	是期权买方行权时从卖方手中买入或卖出的标的物,可以是现货商品,也可以是期货合约;可以是实物资产,也可以是金融资产

① 中国期货业协会.期货市场教程[M].北京:中国财政经济出版社,2011:353.

② 中国期货业协会.期货市场教程[M].北京:中国财政经济出版社,2011:357-359.

续表

基 本 要 素	概 念 和 内 容
有效期和到期日	有效期是交易者持有期权合约至期权到期日的期限。到期日是买方可以行使权利的最后期限。欧式期权的买方只能在到期日行权;而美式期权的买方在有效期内(含到期日)的任何交易日都可以行权
执行价格	即行权价格或履约价格。场外期权交易一般由交易双方协商约定。场内期权交易都是标准化期权合约的交易,执行价格由交易所制定
期权费	即期权价格,也称权利金/保险费,是指期权买方未取得期权合约所赋予的权利而支付给卖方的费用。场外期权交易一般由交易双方协定。场内期权交易的期权价格由执行价格决定
行权方向和行权时间	行权方向是指买入(long)或卖出(short)看涨期权或看跌期权。行权时间依据期权种类而不同,要了解期权到底是欧式期权还是美式期权
保证金	是期权交易者向结算机构支付的履约保证资金。卖方要向交易所或结算公司按照标的物价值缴纳一定比例的保证金。买方仅须支付期权费,无须缴纳保证金

(2) 期权的收益情况分析。根据在期权到期执行时的收益情况,期权可以分为实值期权(in-the-money options)、虚值期权(out-of-the-money options)、平值期权(at-the-money options)。具体情形如表 4-16 所示。

表 4-16 实值、平值与虚值期权的关系[1]

	看 涨 期 权	看 跌 期 权
实值期权	执行价格小于标的物的市场价格	执行价格大于标的物的市场价格

---

① 中国期货业协会.期货市场教程[M].北京:中国财政经济出版社,2011:371.

续表

	看 涨 期 权	看 跌 期 权
虚值期权	执行价格大于标的物的市场价格	执行价格小于标的物的市场价格
平值期权	执行价格等于标的物的市场价格	执行价格等于标的物的市场价格

2）碳期权概述

碳排放权期权是指在将来某个时期或者确定的某个时间,能够以某一确定的价格出售或者购买温室气体排放权指标的权利。其运作原理与文中论述的期权合约相似,碳排放权期权可以分为看涨期权和看跌期权。

目前,国际上主要的碳期权产品如下。

(1) 欧盟排放配额期货期权(EUA Future Options),欧盟排放配额期货期权赋予持有方/买方在期权到期日或者之前选择履行该合约的权利,相对方/卖方则具有履行该合约的义务。

(2) 经核证的减排量期货期权(CER Future Options),清洁发展机制下衍生的 CER 期货看涨或者看跌期权。

(3) JI 机制下衍生的 ERU 期货看涨或看跌期权。

以下将以 ICE 交易平台的标准化 EUA 期货期权合约为例进行分析。EUA 标准期货期权合约的要素主要内容如表 4-17 所示。

表 4-17　ICE 交易平台 EUA 期货期权合约的要素内容

合 约 要 素	EUA 期货期权(EUA Futures Options)
交易系统平台	洲际交易所欧洲期货市场的电子平台
标的资产	相应年 12 月份 EUA 期货合约
交易单位/合约规模	一张 EUA 期货期权合约(One Lot)
最小交易规模	One Lot
每日价格最大波动限制	无限制

续表

合 约 要 素	EUA 期货期权（EUA Futures Options）
报价	欧元及欧分/吨（Euro（€）and Euro cent（c）per metric tonne）
有效期和到期日	欧式期权,买方只能在到期日行权。到期日为相应期货合约到期日的前三个交易日
结算价格	每日结算价格一般为每日收盘期间（英国时间16:50:00～16:59:59）的加权平均值
执行价格	履约价格范围为:1.00～100.00 英镑。价格间隔为0.01 英镑
期权费	期权费视履约价格而定,在交易时支付
保证金	保证金实行逐日结算制度
交易模式	交易时间内连续交易模式
交易时间	纽约:02:00～12:00 伦敦:07:00～17:00 新加坡:15:00～01:00 * * 第二天
履约与自动履约	EUA 期货期权将最终以 EUA 期货合约形式进行履约,在到期日,实值期权将自动履约,而虚值期权和平值期权将自动失效

数据来源:ICE 交易平台数据。

  碳排放权期权合约的应用能够增加碳排放权购买方的交易稳定性,可以在一定程度上规避碳价波动风险。但是,期权合约要求操作者有很强的专业知识。对国内投资者而言,一般的投资者缺乏该领域的知识与实践。最近几十年,我国内地在期货交易方面已经取得了很大的成就,但是场内期权交易仍未推出。国内证券市场上交易的股票权证,具有期权的一些特征,但并非严格意义上的期权,与真正意义的期权交易还存在很大的差异。

  在碳市场中,可以将碳排放权现货或期货作为指定标的物,成形碳期权交易工具。根据交易场所不同,期权可以分为场内期权和场外期

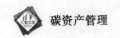

权。中国金融市场场内期权发展仍处于起步阶段,因此在碳金融市场的应用还需要较长的时间。

配额场外期权交易是指买卖双方自行签订期权合同,买方向卖方支付一定期权费后,拥有在未来某特定日期以事先定好的价格向卖方购买或出售一定数量的配额的权利。其作用与远期交易相同,都能够帮助控排企业提前锁定未来的碳成本或碳收益。如果企业有配额缺口,可以提前买入看涨期权,锁定配额成本;如果企业有配额富余,可以提前买入看跌期权,锁定配额收益。

4. 碳掉期

掉期交易(swap transaction)是指交易双方约定在未来某一时期相互交换某种资产的交易形式。更为准确地说,掉期交易是当事人之间约定在未来某一期间内相互交换他们认为具有等价经济价值的现金流的交易。较为常见的是货币掉期交易和利率掉期交易。

碳排放权场外掉期交易是交易双方以碳排放权为标的物,以现金结算标的物固定价交易与浮动价交易差价的场外合约交易。交易双方在签署合约时以固定价格确定交易,并在合同中约定在未来某个时间以当时的市场价格完成与固定价交易相对应的反向交易。最终结算时,交易双方只需对两次交易的价格间的差价进行现金结算。

碳掉期主要交易环节包括以下 4 个。

(1) 固定价交易:A、B 双方同意,A 方于合约结算日(例如合约生效后 6 个月)以双方约定的固定价格 P 固向乙方购买标的碳排放权。

(2) 浮动价交易:A、B 双方同意,B 方于合约结算日以 P 浮价格向 A 方购买标的碳排放权。P 浮与标的碳排放权在交易所的现货市场交易价格相挂钩,例如 P 浮等于合约结算日之前 20 个交易日北京碳排放配额的公开交易平均价。

(3) 差价结算:合约结算日,交易所根据 P 固和 P 浮之间的差价对交易结果进行结算。若 P 固<P 浮,则看多方 A 为盈利方,看空方 B 为亏损方,B 向 A 支付资金=(P 浮-P 固)×标的碳排放权;若 P 固>P 浮,则情况相反,看多方 A 为亏损方,看空方 B 为盈利方,A 向 B 支付资金＝(P 固－P 浮)×标的碳排放权。

（4）保证金监管:交易所根据掉期合约的约定,向 A、B 双方收取初始保证金,并在合约期内根据现货市场价格的变化情况定期对保证金进行清算。交易所可根据清算结果,要求浮动亏损方补充维持保证金;若未按期补足,交易所有权进行强制平仓。

碳排放权场外掉期合约交易为碳市场交易参与人提供了一个防范价格风险、开展套期保值的手段。一方面,它是对国务院《关于促进资本市场健康发展的若干意见》(新国九条)提出的"继续推出大宗资源性产品期货品种,发展商品期权、商品指数、碳排放权等交易工具,充分发挥期货市场价格发现和风险管理功能,增强期货市场服务实体经济的能力"内容的积极响应;另一方面,此类交易的活跃将为碳市场创造更大的流动性,并为未来开展碳期货等创新交易摸索经验。

5. 碳结构性产品

自 2007 年 4 月起,荷兰银行、汇丰银行、德意志银行和东亚银行等几家外资银行和中资的深圳发展银行先后在市场中发售了以"气候变化"为主题的结构性理财产品,呈现如下 4 个方面的特点。

（1）挂钩标的多为气候指数、气候变化基金或与气候变化相关的一揽子股票。

（2）支付条款多为看涨类结构,即挂钩标的的涨幅越大,产品的收益水平越高。

（3）投资门槛从 1 万元人民币到 15 万元人民币变化不等。

（4）受全球金融危机爆发和碳原生金融工具价格技术回调影响,自2008 年中后期以来呈一路下跌趋势,从而导致了部分结构类产品挂钩标的与支付条款的错配,到期取得了零收益或负收益,其中深发展银行的两款结构性产品取得了较高的到期收益。

以德意志银行一款两年期的"德银 DWS 环球气候变化基金"红利分享计划为例,该产品选取起息日基金的收盘价作为初始水平,将每月月

末的收盘价较初始水平的涨跌幅记为月表现值,以 24 个月表现值的算术平均值的 50%作为产品收益的计算基准,最低为 0,上不封顶。

4.2.3 碳金融创新衍生工具

1. 碳质押、碳抵押

1) 质押和抵押

《中华人民共和国担保法》第三十三条规定:"抵押,是指债务人或者第三人不转移某些财产①的占有,将该财产作为债权的担保。债务人不履行债务时,债权人有权依法以该财产折价或者以拍卖、变卖该财产的价款优先受偿。"

《中华人民共和国担保法》第六十三条规定:"质押,是债务人或第三人将其动产或者权利②移交债权人占有,将该动产作为债权的担保,当债务人不履行债务时,债权人有权依法就该动产卖得价金优先受偿。"质押一般分为动产质押和权利质押。

从上述的定义不难看出,两者是有区别的,主要体现在两个方面。

(1) 抵押与质押最大的区别就是在于抵押物的占有权是否转移:抵押不转移抵押物的占有,而质押必须转移占有的质押物。抵押只有单纯

---

① 根据《中华人民共和国担保法》规定:"(一)抵押人所有的房屋和其他地上定着物;(二)抵押人所有的机器、交通运输工具和其他财产;(三)抵押人依法有权处分的国有土地使用权、房屋和其他地上定着物;(四)抵押人依法有权处分的国有机器、交通运输工具和其他财产;(五)抵押人依法承包并经发包方同意抵押的荒山、荒沟、荒丘、荒滩等荒地的使用权;(六)依法可以抵押的其他财产。不得抵押的财产有:(一)土地所有权;(二)耕地、宅基地、自留山、自留地等集体所有的土地使用权;(三)学校、幼儿园、医院等以公益为目的的事业单位、社会团体的教育设施、医疗设施和其他社会公益设施;(四)所有权、使用权不明或者有争议的财产;(五)依法被查封、扣押、监管的财产;(六)依法不得抵押的其他财产。"

② 根据《中华人民共和国担保法》规定,可用于质押的财产有:动产质押,指不动产以外的物,不动产是指土地以及房屋、林木等地上定着物、建筑物的固定设备等。权利质押的标的有:汇票、本票、支票、债券、存款单、仓单、提单;依法可以转让的股份、股票、商标专用权、专利权、著作权中的财产权;依法可以质押的其他权利(如不动产的收益权)。

的担保效力,而质押中质权人既支配质物,又能体现留置效力。

（2）抵押的标的物一般为动产与不动产,而质押的标的物为动产与权利。例如房产是不动产,只能进行抵押而无法进行质押。

此外,质押与抵押的区别还有:抵押要登记才生效,而质押只需占有就可以生效;抵押权的实现主要通过向法院申请拍卖,而质押则多直接变卖。

2）碳质押

无论是配额碳资产还是减排碳资产,两者都是一种可以在碳交易市场上进行流通的无形资产,其最终转让的是温室气体排放的权利。因此,从这一角度来分析,碳资产更适合成为质押贷款的标的物。当债务人无法偿还债权人贷款时,债权人对被质押的碳资产拥有自有处置的权利。

2. 碳托管

托管业务是接受各类机构、企业和个人客户的委托,为客户委托资产进入国内外资本、资金、股权和交易市场从事各类投资与交易行为,提供账户开立和资金保管、办理资金清算和会计核算、进行资产估值及投资监督等各项服务,履行相关托管职责,并收取服务费用的银行金融服务。

碳配额托管（借碳）是指将控排企业持有的碳排放配额委托给专业碳资产管理公司,以碳资产管理公司名义对托管的配额进行集中管理和交易,从而达到将控排企业碳资产增值的目的。其一般运作模式如图 4-10 所示。

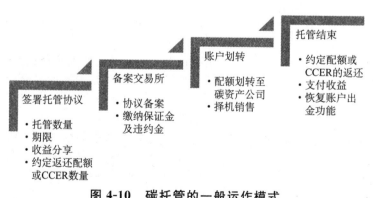

图 4-10　碳托管的一般运作模式

3. 碳回购

回购融资是指商业银行通过签订回购协议方式,将其所拥有的金融资产售出,并约定在规定的期限按商定的价格购回的一种融资方式。

碳排放配额回购融资是指,重点排放单位或其他配额持有者向碳排放权交易市场其他机构交易参与人出售配额,并约定在一定期限后按照约定价格回购所售配额,从而获得短期资金融通。配额持有者作为碳排放配额出让方,其他机构交易参与人作为碳排放配额受让方,双方签订回购协议,约定出售的配额数量、回购时间和回购价格等相关事宜。在协议有效期内,受让方可以自行处置碳排放配额。

4. 碳信托

1) 信托

信托(Trust)是一种理财方式,简单来说,就是受人之托、代人管理财务,是一种特殊的财产管理制度和法律行为,同时又是一种金融制度。从专业的角度来定义,信托业务是指委托人基于对受托人的信任,将其财产权利委托给受托人,由受托人按照委托人的意愿以自己的名义,为受益人(或委托人)的利益或其他特定目的进行管理或处置的行为。由此看出,信托是一种以信用为基础的法律行为,一般涉及三方面当事人,即投入信用的委托人、受信于人的受托人以及受益于人的受益人。

目前,根据不同的划分标准,中国信托业务可以分成不同的种类,主要分类标准如表 4-18 所示。

表 4-18　信托的分类、概念和内涵

分类标准	具体类型	概念和内涵
信托财产的性质	金钱信托	是指在设立信托时委托人转移给受托人的信托财产是金钱,即货币形态的资金,受托人给付受益人的也是货币资金,信托终了,受托人交还的信托财产仍是货币资金。 在我国信托机构从事的信托业务中,金钱信托占有很大的比重,主要包括信托贷款、信托投资、委托贷款、委托投资等形式

续表

分类标准	具体类型	概念和内涵
信托财产的性质	动产信托	动产信托是指以各种动产作为信托财产而设定的信托。动产包括的范围很广,但在动产信托中受托人接受的动产主要是各种机器设备,受托人受委托人委托管理和处理机器设备,并在这个过程中为委托人融通资金,所以动产信托具有较强的融资功能
	不动产信托	不动产信托是指委托人把各种不动产,如房屋、土地等转移给受托人,由其代为管理和运用,如对房产进行维护保护、出租房屋土地、出售房屋土地等
	有价证券信托	有价证券信托是指委托人将有价证券作为信托财产转移给受托人,由受托人代为管理运用
	金钱债权信托	金钱债权信托是指以各种金钱债权作为信托财产的信托业务。金钱债权是指要求他人在一定期限内支付一定金额的权利,具体表现为各种债权凭证,如银行存款凭证、票据、保险单、借据等等。受托人接受委托人转移的各种债权凭证后,可以为其收取款项,管理和处理其债权,并管理和运用由此而获得的货币资金
信托目的	担保信托	担保信托是指以确保信托财产的安全,保护受托人的合法权益为目的而设立的信托。当受托人接受了一项担保信托业务后,委托人将信托财产转移给受托人,受托人在受托期间并不运用信托财产去获取收益,而是妥善保管信托财产,保证信托财产的完整
	管理信托	管理信托是指以保护信托财产的完整,保护信托财产的现状为目的而设立的信托。这里的管理是指不改变财产的原状、性质,保持其完整

分类标准	具体类型	概念和内涵
信托目的	处理信托	处理信托是指改变信托财产的性质、原状以实现财产增值的信托业务。在处理信托中,信托财产具有物上代位性,即财产可以变换形式,如将财产变卖转为资金,或购买有价证券等等。若以房屋为对象设立处理信托,受托人就可以将房屋出售,换取其他形式的财产。若以动产为对象设立处理信托,受托人就可以将动产出售
	管理和处理信托	这种信托形式包括了管理和处理两种形式。通常是由受托人先管理财产,最后再处理财产。例如以房屋、设备等为对象设立管理和处理信托,受托人的职责就是先将房屋、设备等出租,然后再将其出售,委托人的最终目的是处理信托财产。这种信托形式通常被企业当作一种促销和融资的方式
信托事项的法律立场	民事信托	民事信托是指信托事项所涉及的法律依据在民事法律范围之内的信托
	商事信托	商事信托是指信托事项所涉及的法律依据在商法规定的范围之内的信托
委托人不同	个人信托	个人信托是指以个人(自然人)为委托人而设立的信托。个人只要符合信托委托人的资格条件就可以设立信托
	法人信托	法人信托是指由具有法人资格的企业、社团等作为委托人而设立的信托。法人设定信托的目的都与法人自身的经营有紧密关系,但具体形式各异,主要包括附担保公司债信托、动产信托、雇员受益信托、商务管理信托等
	个人法人通用信托	个人与法人通用信托业务是指既可以由个人作委托人,也可由法人作委托人而设立的信托业务。主要包括不动产信托、公益信托等

续表

分 类 标 准	具 体 类 型	概 念 和 内 涵
受托人承办业务的目的	营业信托	营业信托是指受托人以收取报酬为目的而承办的信托业务。这类机构承办信托业务的目的是收取报酬获得利润,信托机构的出现是信托业发展的自然结果。同时它又促进了信托业的发展。世界各国绝大部分的信托业务属于营业信托
	非营业信托	非营业信托是指受托人不以收取报酬为目的而承办的信托业务
受益人不同	自益信托	自益信托是指委托人将自己指定为受益人而设立的信托
	他益信托	他益信托是委托人指定第三人作为受益人而设立的信托业务
	私益信托	私益信托是指委托人为了特定的受益人的利益而设立的信托
	公益信托	公益信托是指为了公共利益的目的,使整个社会或社会公众的一个显著重要的部分受益而设立的信托
信托涉及的地理区域	国内信托	信托业务所涉及的范围限于一国境内,或者说信托财产的运用只限于一国的范围之内即是国内信托
	国际信托	国际信托是指信托业务所涉及的事项已超出了一国的范围,引起了信托财产在国与国之间的运用

2) 碳信托概述

在本书对碳基金的论述中,提到过国际社会中的碳信托基金一般都是通过信托运作的一种集合资金信托计划,是指发起人通过发行受益权凭证,从投资者手中获得资金,再将这些集合起来的资金,按照信托协议的约定投资于温室气体减排项目,主要是通过清洁发展机制和联合履行

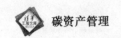

机制所确定的特定行业的具体项目,在约定期限内将获得的碳信用指标或现金以收益形式回报给投资者。这种信托基金的方式实际上属于契约型基金产品,跟信托产品比较类似。

在我国,基金产品的发行和成立主要受证监会监管,信托理财产品的主管机构是银监会,两种产品的发行流程有一定的差异。信托的种类是多样化的,除了传统的碳基金模式,新的信托理财模式也应该得到拓展。既然碳排放权已经被看作一种资产,投资机构可以利用碳的资产属性,将企业名下的配额碳资产作为信托标的物进行投融资,为企业赢得更多的收益。例如,企业将配额碳资产交给信托公司或者证券公司进行托管,约定一定的收益率,信托公司或证券公司将配额碳资产作为抵押物进行融资,融得的资金进行金融市场再投资,获得的收益一部分用来支付与企业约定的收益率,另一部分用来偿还银行利息,信托公司或证券公司获得剩下的收益。这样,可以充分发挥碳资产在金融市场的融通性。

5. 碳保险/保证/担保

在原始 CDM 交易中,项目成功具有一定的不确定性,一些金融机构为项目最终交易的减排单位数量提供担保。碳交易信用保险是以碳排放权交易过程中合同约定的排放权数量为保险标的,对买方或卖方因故不能完成交易时权利人受到的损失提供经济赔偿的一种保险。该保险是一种担保性质的保险,为碳交易的双方搭建一个良好的信誉平台。这有助于提高项目开发者的收益,降低投资者或贷款人的风险。同时,一些保险或担保机构可以介入,进行必要的风险分散,针对某特定时间可能造成的损失,向项目投资人提供保险。

一方面,碳保险品种的不断丰富给保险行业提出了更高的要求,碳保险的从业人员不仅要有普通从业人员的基本要求,还要有碳排放、碳交易等相关碳保险的专业知识,只有这样才能帮助企业改善现有技术,降低碳排放。另一方面,碳保险的发展是保险业发展的新领域,新的保险标的和风险种类、保险资金介入新的投资领域,这些都给监管部门提出更高的要求。企业是否能严格控制碳排放量,未达标的企业是否能及时地购买其他企业的碳排放量,这也需要一个有严格执法力度的环境。

6. 碳保理

保理(factoring)又称托收保付,是指卖方将其现在或将来的基于其与买方订立的货物销售/服务合同所产生的应收账款转让给保理商(提供保理服务的金融机构),由保理商向其提供资金融通、买方资信评估、销售账户管理、信用风险担保、账款催收等一系列服务的综合金融服务方式。它是商业贸易中以托收、赊账方式结算货款时,卖方为了强化应收账款管理、增强流动性而采用的一种委托第三者(保理商)管理应收账款的做法。

就与 CDM 相关的碳保理而言,金融机构向技术出让方发放贷款以保证其保质保量完成任务,待项目完成后,由技术购买方利用其节能减排所获得的收益来偿还贷款。

浦发银行是最早推出"国际碳保理"业务的金融机构。其目标客户主要是从事水电、风电等新能源和可再生能源项目、甲烷和煤层气回收利用(如煤炭行业煤层气回收、垃圾填埋气发电)、燃料替代(如天然气发电),以及钢铁、焦化、水泥等行业提高能效项目(如水泥低温余热发电、燃气蒸汽联合循环发电、干熄焦余热发电等)的相关企业。2012 年,浦发银行为当时联合国 EB 注册的中国装机最大(装机达 20 万千瓦)、单体碳减排量最大的水电项目提供国际碳保理融资。

国际碳(CDM)保理融资业务根据国际碳交易特点,突破传统信贷模式,企业不仅可获得新的融资渠道,而且对于优质企业,原则上不须提供额外的抵押和担保,融资期限较长,因此为企业提供了较大的融资便利。这一创新型融资工具在国内七个试点交易市场也应该得到应用,从而为国内减排企业提供更广泛的融资渠道。

中国碳交易市场还处于试点阶段,碳交易制度与碳交易平台都不够成熟,与发达国家的资本市场和碳金融市场相比,发展仍相对滞后。金融作为资源优化配置和资金余缺调剂的重要手段和方式,在低碳经济发展中将发挥重要的作用。因此,在国家政策的大力支持下,我国碳金融市场体系不仅需要专业的投资机构,如商业银行、证券公司创新碳金融产品工具,同时还急需各企业实体、金融机构,乃至个体投资者的积极参与。

第5章

企业碳资产综合管理

2005年，随着《京都议定书》的生效，碳排放权成为国际公认的稀缺资源，逐渐演化成企业的重要资产——碳资产。京都机制下的CDM项目在中国的广泛成功开发，使众多中国企业实实在在地获得了碳资产收益，CDM和碳减排概念得到了广泛普及。2013年，中国碳市场从启动之初就备受国内外关注，碳资产对中国企业的影响也逐步显现。可以毫不夸张地说，碳资产已深刻影响了企业的方方面面，包括生产、经营、销售、投融资、管理、战略等各项活动，图5-1形象地说明了其中的关系。

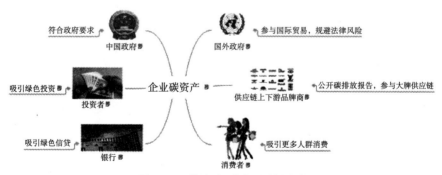

图5-1 碳资产对企业的影响

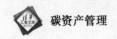

　　碳资产管理作为一门新兴交叉学科,国内外学者多有研究,但目前仍缺乏对碳资产管理科学的、系统的整理。随着各试点碳市场履约工作的深入,将新的规则和经验与企业分享,对企业后续制定碳战略、参与碳资产管理实战也有重要意义。本章将系统地阐述碳资产管理的概念、实践及案例,并与企业分享中国碳市场企业碳资产管理的最新进展。

5.1　碳资产管理的概述

　　本书认为碳资产管理是指围绕《京都议定书》第二承诺期所规定的七种温室气体(二氧化碳 CO_2、甲烷 CH_4、氧化亚氮 N_2O、六氟化硫 SF_6、氢氟碳化物 HFCs、全氟化碳 PFCs 和三氟化氮 NF_3)[①]开展的以碳资产生成、利润或社会声誉最大化、损失最小化为目的的现代企业管理行为,主要的管理内容包括碳盘查、信息公开(碳披露、碳标签)、企业内部减排、碳中和、碳交易及碳金融等。碳资产管理包括正资产管理和负资产管理两类。也就是说,碳资产管好了就是利润,管不好就是负债。简单来说,碳资产管理包括三个步骤:摸清碳家底、企业要行动、碳资产保值增值。图 5-2 进一步地解释了这三个步骤,详细的分析将在后续的章节展开。

---

　　①　2014 年 12 月,国家发改委公布《碳排放权交易管理暂行办法》,其中温室气体同样包含以上七种温室气体。

摸清碳家底：碳盘查
(1) 基于组织层面的碳盘查
(2) 基于产品层面的碳盘查

企业要行动
(1) 信息公开：碳披露、碳标签
(2) 苦练内功：企业内部减排
(3) 碳中和：实现企业的零碳排放
(4) 参与顶层设计：制定行业标准

碳资产保值增值
(1) 碳交易
(2) 碳金融

图 5-2　企业碳资产管理的三个步骤

5.2　国内企业进行碳资产管理的必要性与重要性

　　碳资产管理源于人类应对气候变化活动，近 30 年来，人们对气候变化的认识有了很大提高，但关于气候变化的争议一直存在。气候变化究竟是正常的气候表现，还是由温室气体排放引发的环境问题，温室气体主要是源于人类活动还是自然界，气候变化到底是科学还是发达国家向发展中国家发动的一场阴谋，中国在应对气候变化方面压力有多大，这些压力又将怎样影响或被分解到中国普通企业，中国普通企业进行碳资产管理有什么必要性和重要性，让我们带着这些问题一起走近气候变化！

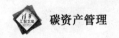

5.2.1　气候变暖仍在持续,人类活动是主因

近30年来,国际气候谈判的科学依据主要来自IPCC[①]所发布的气候变化评估报告。从1988年至今,IPCC一共发布了五次气候变化评估报告,每次报告都要严格遴选全世界数千名顶级科学家,历时五六年,收集评估数以万计的科学文献。IPCC报告从编写、修改一直到最后审议通过,有11个程序,它吸纳了最新的科学成果、相关领域科学家的意见以及各国政府的意见,最后逐行逐条一致通过后,才正式出版[②]。因此,它的结论具有全面性、权威性、科学性。

IPCC报告自诞生以来反对声音不绝于耳,好像争议一直存在,但实际上科学研究的结论非常清晰,没有任何一条质疑能够动摇IPCC最终给出的综合结论[③]。气候变化不是阴谋论。

IPCC分别于1990年、1996年、2001年、2007年、2014年发布了五次气候变化评估报告。根据IPCC第五次报告各工作组报告及综合报告内容[④][⑤][⑥]:"全球气候变暖仍在持续,目前二氧化碳浓度已达八十万年来的最高点。1951年到2010年全球平均地表温度的升高一半以上是由人为

---

① IPCC是根据联合国大会的决议,由世界气象组织和联合国环境规划署于1988年共同成立的组织。

② 以2014年11月2日发布的第五次气候变化评估报告为例,它通过了195个国家的批准。

③ 潘晓慧.气候变化"阴谋论"背后的阴谋[EB/OL].2013-11-26.http://dsj.voc.com.cn/article/201311/201311261709592671.html.

④ 直播实录:IPCC第五次评估报告第二、三工作组报告宣讲会[EB/OL].2014-05-09.http://env.people.com.cn/n/2014/0509/c1010-24998558.html.

⑤ 张晓华,傅莎,祁悦.IPCC第五次评估第三工作组报告主要结论解读[EB/OL].2014-07-02.http://www.ncsc.org.cn/article/yxcg/zlyj/201404/20140400000866.shtml.

⑥ 中国气象局.IPCC发布第五次评估报告的综合报告称气候变化可引起不可逆转的危险影响,但仍有限制办法[EB/OL].2014-11-03.http://www.cma.gov.cn/2011xwzx/2011xqxxw/2011xqxyw/201411/t20141103_265904.html.

温室气体浓度增加和其他人为强迫造成的。"

IPCC每一次报告都有很强的政策指导性。IPCC第一次报告直接催生了《联合国气候变化框架公约》的出台。第二次报告对《京都议定书》的通过起了重要作用。第三次评估报告确定了在联合国气候变化框架公约每年都有一次公约的工作组会,并提出减缓气候变化和适应气候变化,两者并重,共同推进的观点。第四次评估报告促进了巴厘路线图的通过。第五次评估报告为巴黎协定的通过打下了坚实的基础。

5.2.2　应对气候变化,中国任重道远

控制全球温升2℃需要各国积极行动起来,中国是世界上二氧化碳排放量最大的国家,中国在全球应对气候变化的压力可想而知。

根据国际环保组织"全球碳计划"在2014年9月份发布的报告[①],中国2013年的人均二氧化碳排放量为7.2吨,首次超过欧盟的6.8吨;按照总量计算,中国的碳排放量已经超过欧盟和美国的总和。另外,我国经济仍处于高速发展阶段,能源消耗还将持续增长,中国CO_2排放量仍将持续增长,预计将在2030年达到峰值[②]。

2014年9月19日,中华人民共和国国务院新闻办公室召开了《中国应对气候变化规划(2014—2020年)》新闻发布会,根据会议消息:

① 要实现中国已经确定的碳强度在2005年的基础上到2020年降低40%~45%这个目标,仍有相当大的困难。截至2013年,碳强度已经下降28.56%。

② "十二五"的目标是能够实现的。但是,还要克服很多困难。

③ 如果要尽早地出现二氧化碳排放峰值,可能必须采取总量控制的措施,所以中国准备要对能源的消费总量、二氧化碳排放总量进行控制。

---

① 中研网.预测2014年全球碳排放量将达400亿吨[EB/OL].2014-09-23.http://www.chinairn.com/print/3913652.html.

② 2014年11月12日,中美发布了气候变化联合声明。

可以毫不夸张地说,全世界应对气候变化的眼光都聚集在中国身上,中国虽任重道远,但决心重大。

5.2.3 企业碳资产管理的必要性与重要性

受全球应对气候变化和中国 CO_2 排放总量的影响,中国政府密集地出台了一系列应对气候变化的政策和措施,表 5-1 归纳了五年来与企业相关的在应对气候变化方面最重要的政策和信息。

表 5-1 2009—2017 年中国在应对气候变化方面出台的主要政策和信息

时　间	政策和信息名称	主要内容	对企业直接影响
2009 年 11 月 25 日	国务院常务会议决议	2020 年单位 GDP 二氧化碳排放比 2005 年下降 40%～45%	碳约束总目标确立,带动后续目标层层分解
2011 年 10 月 29 日	关于开展碳排放权交易试点工作的通知	提出"各试点地区要着手研究制定碳排放权交易试点管理办法,明确试点的基本规则,测算并确定本地区温室气体排放总量控制目标,研究制定温室气体排放指标分配方案"	2 134 家企业被纳入强制碳交易体系
2011 年 12 月 1 日	关于印发"十二五"控制温室气体排放工作方案的通知	提出"大幅度降低单位国内生产总值二氧化碳排放,到 2015 年全国单位国内生产总值二氧化碳排放比 2010 年下降 17%。建立自愿减排交易机制,开展碳排放权交易试点"	"实行重点企业直接报送能源和温室气体排放数据制度,选择重点企业试行'碳披露'和'碳盘查'"等

续表

时　　间	政策和信息名称	主 要 内 容	对企业直接影响
2014 年 1 月 13 日	关于组织开展重点企（事）业单位温室气体排放报告工作的通知	开展重点单位温室气体排放报告的责任主体为：2010 年温室气体排放达到 13 000 吨二氧化碳当量，或 2010 年综合能源消费总量达到 5 000 吨标准煤的法人企（事）业单位，或视同法人的独立核算单位	企业纳入门槛被明确，面向全国的重点企业碳排放报告工作开始
2014 年 9 月 19 日	国务院关于《国家应对气候变化规划（2014—2020 年）》（简称《规划》）的批复	把应对气候变化工作摆在更加突出、更加重要的位置，增强责任感和使命感，采取更加有力的措施确保完成《规划》确定的各项任务	中国计划在"十三五"对能源消费总量、二氧化碳排放总量进行控制，目前正在论证、做方案[1]，企业将面临更为严厉的碳约束
2014 年 12 月 10 日	《碳排放权交易暂行办法》	为落实党的十八届三中全会决定、"十二五"规划《纲要》和国务院《"十二五"控制温室气体排放工作方案》的要求，推动建立全国碳排放权交易市场，国家发展和改革委组织起草了《碳排放权交易管理暂行办法》	是第一份适用于全国碳市场的立法文件，标志着全国范围的碳市场建设迈出了第一步，将会有更多企业被纳入强制管控范围

---

[1]　中华人民共和国国务院新闻办公室. 国新办举行《中国应对气候变化规划（2014—2020 年）》有关情况新闻发布会[EB/OL]. 2014-09-19. http://www.scio.gov.cn/ztk/xwfb/2014/31573/31578/Document/1381407/1381407.htm.

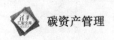

续表

时　间	政策和信息名称	主　要　内　容	对企业直接影响
2016 年 1 月 11 日	《国家发展改革委办公厅关于切实做好全国碳排放权交易市场启动重点工作的通知》	明确"全国碳排放权交易市场第一阶段将涵盖石化、化工、建材、钢铁、有色、造纸、电力、航空等重点排放行业"	明确参与碳市场第一阶段的主体为"业务涉及上述重点行业,其 2013—2015 年中任意一年综合能源消费总量达到 1 万吨标准煤以上(含)的企业法人单位或独立核算企业单位"
2016 年 10 月 27 日	《国务院关于印发"十三五"控制温室气体排放工作方案的通知》	第六条明确提出"建设和运行全国碳排放权交易市场"	明确要求"出台《碳排放权交易管理条例》及有关实施细则,完善碳排放权交易法规体系。2017 年启动全国碳排放权交易市场"

从表 5-1 中可以清晰地看出,为应对气候变化,中国已经出台并执行了一系列务实的举措,但面对中国排放量全球第一、总量超过第二名美国和第三名欧盟排放量总和且仍未达到 CO_2 排放量峰值这些事实,我国应对气候变化的政策只会越来越严厉。

从上面的重要政策信息来看,从"十三五"即 2016 年开始中国将步入应对气候变化的下一时期,即在全国范围内对能源消费总量、二氧化碳排放总量进行控制。这也意味着不再是试点省市才有碳排放成本,全国所有的重点排放企业将面临类似情况。中国实现碳减排的目标都是逐级分解的,即从国家到省市再到企业。最终承担减排目标的一定是各重点排放企业,这一天已经到来。

及早制定碳资产管理战略,满足国际、国内法律法规要求,对于企业提高品牌形象和竞争力意义重大,早行动就会早受益。

另外从现实来看,中国企业在碳资产管理过程中仍存在很多困难,企业想要制定并执行正确的碳资产管理战略也不可能一蹴而就,需要做很多前期准备。企业进行碳资产管理存在的困难包括以下方面。

① 受中国和国际应对气候变化压力的影响,国内碳市场及配套体系、制度建设速度很快,没有太多的时间留给企业适应规则。如果企业不能尽快适应规则,就会付出现实的代价。

② 国家开展对重点排放企业的管控,主要机制为温室气体排放管理制度,即企业的温室气体报送和核查体系。目前各试点均已开展此项工作,但规则细节不尽相同,企业需要跟踪和研究,以便尽快适应。

③ 现有的碳资产管理知识大多参照 EU-ETS,结合中国国情的并不多,企业缺乏在碳资产管理方面的理论指导和实践参考。

④ 碳资产管理属于一门新兴的交叉学科,缺乏专业的人才。

综上,在全球应对气候变化的大背景下,企业实施碳资产管理的重要性和必要性不言而喻,而没有必要的储备,企业参与碳资产管理就无从谈起,现在正是储备知识、储备人才、拟定战略的最佳时机。

5.3 国内企业碳资产管理的实施体系

既然碳资产管理对企业如此重要,那么企业该如何开展碳资产管理呢?本节将从企业开展碳资产管理的实施体系来介绍碳资产管理的各个层次。

5.3.1 碳盘查

企业要进行碳资产管理,就需要有可测量、可核查的基础数据,摸清"碳"家底。没有这些数据,就无法制定企业的低碳路径,管理也就无从

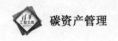

谈起。

碳盘查是指在定义的空间和时间边界内,以政府、企业等为单位计算其在社会和生产活动中各环节直接或者间接排放的温室气体①。简单地说,碳盘查就是量化碳足迹的过程②。企业开展碳盘查工作的重要意义可以主要概括为以下几点:

1. 国内控排企业参与碳交易的关键工作

2013 年,国内试点碳交易开始,纳入试点省市的控排企业必须按要求开展碳盘查工作。控排企业参与碳盘查的结果将直接决定企业碳资产是正资产还是负资产,而且碳盘查的结果也有可能影响来年企业配额的发放③。因此,按时保质保量地完成碳盘查对于控排企业意义重大。

2. 符合国内外政策法规的要求

目前中国已将气候变化立法列入议事日程④,按照前文分析的中国总量控制的原则,全国范围内对重点排放企业的排放限制即将开始,碳盘查将成为企业贯彻国家节能减排的日常工作。另外,早在 2011 年发布的"十二五"控制温室气体排放工作方案中,就已明确提到了将"选择重点企业试行'碳披露'和'碳盘查',开展'低碳标兵活动'"。因此,企业开展碳盘查也是满足国内法律法规的需要。另外,如果企业参与国际贸易会受到国外与碳排放相关的制度或规定的制约,企业及早应对可能出现的国际法律法规,可有效地规避政策壁垒,降低法律风险,提高企业竞争力。

3. 减少成本,增加竞争力

通过碳盘查,企业能够清楚地了解各个时期、各个部门或各个环节

---

① 陈轶星.碳盘查的国际通行标准及在我国实施的现状[J].甘肃科技,2012,(28):10-11.

② 碳足迹是衡量组织活动中释放的或是在产品或服务的整个生命周期中累计排放的二氧化碳和其他温室气体的总量。

③ 七个试点省市中,上海市已一次性发放了 2013—2015 年的配额,其他试点省市的配额一年一发,头一年的碳盘查结果可能影响第二年碳排放权配额量的发放。

④ 张国.中国已将气候变化立法列入议事日程[N].中国青年报,2014-09-16.

的 CO_2 排放量,从而制定针对性更强的节能减排目标,最终节省成本,提高企业市场竞争力。另外,各大银行在信贷业务方面更倾向于符合节能环保方向的企业。碳盘查工作的开展将为企业降低融资成本提供坚实基础。

4. 满足客户需求

对企业而言,尤其是参与国际贸易的企业,需要满足国外客户对碳排放披露的要求。而对某一产品而言,碳盘查不可能由一家企业从头做到尾,需要整个供应链的联动。如沃尔玛要求供应商提供碳盘查报告[1],苹果公司要求其供应商提供碳排放报告,作为供应商富士康公司必须购买碳盘查服务[2]。

5. 提升企业软实力

大型企业开展碳盘查对于提升企业形象,履行社会责任,引导消费者消费也有积极意义,这也将提升企业的软实力。

根据碳盘查对象的不同,碳盘查可以分为基于组织层面(企业、政府等)的盘查和基于产品/服务层面的盘查。基于组织层面的盘查主要强调碳排放的责任归属,而基于产品/服务层面的盘查主要强调产品/服务从原材料开始的整个生命周期的累计排放。

目前,国际通行的碳盘查标准主要包括:由世界资源研究院与世界可持续发展商会共同颁布的温室气体核算标准(GHG Protocol),由国际标准化组织颁布的 ISO 14064 系列标准,以及由英国标准协会颁布的 PAS 2050 标准等。

随着中国碳交易的开展,我国也陆续颁布了各试点碳交易省市和 24 个行业的碳盘查标准,中国现行主要的碳盘查标准如表 5-2 所示[3]。

_____

① 刘萍,陈欢.碳资产评估理论及实践初探[M].北京:中国财政经济出版社,2013:27.

② TUV NORD 中国. CDP 2012 中国报告[R]. 2012:30. http://wenku. baidu. com/link? url = 5MR1zJOdnsRwkhS4OgEtnB _ C2A4REJIlljKkQnXd5RGeMTkPSd-qaFj0P _ vay00p-zqzFM8kkQ _ 33ShvAvUHVytWrhPB6PQUEz33NQrphJq.

③ 某些碳交易试点分不同的行业分别给出了核算和报告指南,因篇幅所限,此处只列出了最主要的盘查标准。

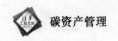

表 5-2　中国主要碳盘查标准

名　称	发布日期	发布者	核 心 内 容
深圳市组织温室气体排放的核查规范及指南	2012 年 11 月 7 日	深圳市场监督管理局	深圳市碳交易试点控排企业碳排放数据核查依据
上海市温室气体排放核算与报告指南(试行)	2012 年 12 月 11 日	上海市发展和改革委员会	上海市碳交易试点控排企业碳排放数据核算与报告依据
北京市企业(单位)二氧化碳排放核算和报告指南	2013 年 11 月 22 日	北京市发展和改革委员会	北京市碳交易试点控排企业碳排放数据核算与报告依据
天津市电力热力行业碳排放核算指南(试行)	2013 年 12 月 24 日	天津市发展和改革委员会	天津市碳交易试点电力热力行业控排企业碳排放数据核算依据
广东省企业碳排放信息报告与核查实施细则(试行)	2014 年 3 月 18 日	广东省发展和改革委员会	广东省碳交易试点控排企业碳排放数据报告与核查依据
重庆市工业企业碳排放核算和报告指南(试行)	2014 年 5 月 28 日	重庆市发展和改革委员会	重庆市碳交易试点控排企业碳排放数据核算与报告依据
关于印发第一、二、三批共 24 个行业企业温室气体核算方法与报告指南(试行)的通知	2013 年 10 月 15 日、2014 年 12 月 3 日、2015 年 7 月 6 日	国家发展改革委办公厅	全国 24 个行业企业温室气体核算方法与报告依据

　　尽管国内和国际碳盘查的标准众多,但是总结下来其主要内容均可以简单概括为边、源、量、报、查,图 5-3 给出了进一步的解释。

　　(1)边。进行碳盘查的首要任务是确定进行盘查的组织和运营边界。只有确定了组织和运营边界,才有可能选取合适的标准,选择或排除全部排放源,最终计算出正确的结果。组织边界一般采用控制权法或

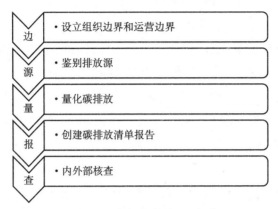

图 5-3 碳盘查的主要内容

股权持分法来确定。在确定了组织边界之后,需要定义运营边界,包括识别与运营相关的直接排放和间接排放。

（2）源。鉴别排放源,一般源于:

● 固定燃烧,指固定式设备的燃料燃烧,比如,锅炉烧煤产生的排放等。

● 移动燃烧,指交通工具的燃料燃烧,包括使用汽车过程中汽油燃烧产生的排放等。

● 过程排放,指物理或化学过程中的排放,例如,来自水泥生产的煅烧过程中排放的 CO_2。

● 散佚排放,指故意或无意地释放,例如,从废水污泥中释放的温室气体。

（3）量。量化碳排放。确定排放量的方法主要有以下三种:

● 直接测量法:对于温室气体排放,最直观、准确的方法就是直接监测温室气体的浓度和流量,但直接测量法通常较为昂贵且难于实现。

● 排放系数法:通过燃料的使用量数据乘以排放系数得到的温室气体排放量。常用的排放系数包括国家发改委每年公布的电力系统排放因子、IPCC 公布的燃煤排放系数等。这是最为常用的计算方法。

● 质量平衡法:通过监测过程输入物质与输出物质的含碳量和成

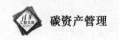

分,计算出过程中温室气体排放量。

（4）报。根据国内或者国外等标准要求,生成企业碳排放清单报告。

（5）查。内外部核查,分为内部核查和外部核查。内部核查是指由公司内部组织的核查工作,外部核查是指由第三方机构进行的核查。

碳盘查需要每年持续开展,这样企业管理者才可能制订减排计划并最终形成有执行力的战略。对企业而言,准确核算并监测自身排放和能源使用情况是减排工作及参与碳交易的第一步,也是关键的一步。

5.3.2　信息公开、碳披露和碳标签

企业完成碳盘查后,对量化的碳足迹可以采取的直接行动就是信息公开,基于盘查的对象不同,又可以简单分为基于组织层面的碳披露和基于产品或服务的碳标签。

1. 碳披露

碳披露是指在碳盘查的基础上,企业将自身的碳排放情况、碳减排计划、碳减排方案、执行情况等适时适度向公众披露的行为。碳披露的内容已不仅包括企业社会责任报告中的内容,还包括了公司策略、管理方案、碳排放数据、风险与机遇分析等信息。碳披露能够督促企业加强掌控碳排放情况,同时也向公众表明了企业承担社会责任的态度。

碳披露都是基于特定框架开展的。目前,比较有代表性的碳信息披露框架有:碳披露（carbon disclosure project,CDP）项目的调查问卷、加拿大特许会计师协会的《改进管理层讨论与分析:关于气候变化的披露》、气候风险披露倡议组织的《气候风险披露的全球框架》、气候披露准则委员会的《气候变化报告框架草案》和美国证券交易委员会的《与气候变化有关的信息披露指南》[①]。CDP 是国内外最为知名的碳披露项目,也是碳披露项目的里程碑。本节以 CDP 的发展现状为例来分析企业开展

---

① 张巧良,张华.碳管理信息披露:低碳经济时代的挑战与价值再造[M].兰州:兰州大学出版社,2010:63-70.

碳披露的情况。

CDP 是一家独立的非营利性机构,自 2000 年成立以来,其碳信息披露方法与过程已形成标准。它代表着 767 名投资者和价值 92 万亿美元的资产[1],掌管着全球最大的企业气候变化信息数据库。CDP 每年都会向大型企业发放调查问卷,调查这些公司在碳排放方面的表现,并对其表现进行指数评价。2008 年,CDP 第一次对中国公司实施调查,并发布了 CDP 2008 中国报告。之后 CDP 每年持续发布 CDP 中国报告。

CDP 调查报告的主要内容一般包括应对气候变化与战略、风险与机遇和排放情况披露,具体如图 5-4 所示。

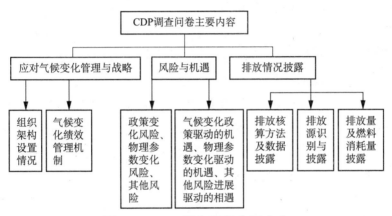

图 5-4　CDP 调查问卷主要内容

2016 年 10 月 28 日,CDP 与中国质量认证中心(CQC)联合发布了最新的《CDP 中国百强气候变化报告 2016》。中国有 21 家企业回复了 CDP 问卷,披露了相关气候变化数据,其中 7 家企业已被纳入试点地区碳排放交易体系。中国移动进入最高评级 A 名单[2],同时获得"应对气候变化企业领导力奖"。除了企业在碳披露方面应做出必要的技术储备

---

①　张晴. 中国企业碳信息报告: 政策促进重视度提升[EB-OL]. 2014-10-21. http://jingji. 21cbh. com/2014/10-21/xOMDA2NTFfMTMyMzUxOA. html.

②　2016 年的 CDP 全球报告进行了应对气候变化领导力的划分,分为 D-A 四级:披露级、认知级、管理级和领导力级。

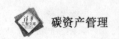

外,碳披露还是一把双刃剑。虽然碳披露会提升企业的社会形象等,但是披露不适将给企业带来负面影响。因此,企业在参与碳披露方面不仅需要做好相关的准备,更应将所披露的信息经过专业的评估,保证最终既达到了披露的目的又保证了企业的发展。

2. 碳标签

碳标签是产品的碳足迹标志,即基于产品生命周期分析和/或产品碳足迹的计算方法学,将产品在生产、使用和弃置各个阶段所排放的二氧化碳及其他温室气体的总量以标签的形式予以标出。碳标签有两个作用:一方面可以引导消费者绿色消费,选择低碳商品;另一方面,企业也可由碳盘查了解碳排放来源,有利于应对气候变化,提高竞争力。

国际贸易中碳标签的实施能否达到既定目标取决于两个基本因素:一是核定国际贸易品的碳足迹方法是否简单统一;二是生产者和消费者是否愿意支付因碳标签导致的加价。

据不完全统计,已有 14 个国家和地区推出 19 种碳标签制度[①],中国国内(除中国台湾地区)目前还未推出碳标签制度。但在国际贸易中,与我国企业密切相关的已有碳标签的领域包括日用品、食品、服装、农产品等,主要国家和地区最典型的碳标签信息如表 5-3 所示。

表 5-3　主要国家和地区的碳标签

国家和地区	标签名称	标　识	说　明
英国	Carbon Reduction Label	working with the Carbon Trust 100g CO2	已有超过 5 000 个产品使用过该标签,涉及食品、服装、日用品等行业

---

① 裴晓东.碳标签,低碳时代的新符号[J].经济发展方式转变与自主创新——第十二届中国科学技术协会年会(第一卷),2010,(11):2-4.

续表

国家和地区	标签名称	标 识	说 明
美国	Carbon Free Label		涉及服装、糖果、电烤箱、组合地板等产品,使用全生命周期分析法
加拿大	Carbon Counted		适用于组织和产品两个层面,深圳市绿色半导体照明有限公司已通过该认证
瑞士	Climatop		主要面向食品行业,包括水果、蔬菜、乳制品等
法国	Groupe Casino Indice Carbone		适用于所有连锁超市Casino 公司出售的产品
德国	Product Carbon Footprint		涉及电话、床单、洗发水、包装纸箱、运动背袋、冷冻食品等产品

续表

国家和地区	标签名称	标　识	说　明
日本	Carbon Footprint		涉及食品、饮料、电器、日用品等行业
韩国	CO₂ Low Label		涉及方便米饭、航空运输、燃气锅炉、洗衣机、衣柜、洗发液等产品和服务
泰国	碳削减标签		涉及罐头/干燥食品、水泥、食用油、牛奶等产品
中国台湾	Taiwan's Carbon Label		涉及 LCD 显示器、光盘片、茶饮等产品

大多数碳足迹认证标准为自愿标准，如英国的 PAS 2050，国际标准化组织的 ISO 14064、ISO 14067 等。也有部分国家正致力于推出强制性碳足迹认证标准，例如，法国的"Grenelle 2"法案就涉及强制性环保/碳标签的内容[①]。

碳标签主要针对出口产品，中国是全球最大的贸易出口国。目前，

---

①　张露，郭晴. 碳标签推广的国际实践：逻辑依据与核心要素[J]. 宏观经济研究，2014，(8)：133-143.

中国最主要的几大贸易伙伴——美国、欧盟、日本等都已经建立了碳标签制度,中国的产品要想参与国际竞争就必须遵守国际规则。

碳标签虽称为"标签",但它并不像一般"标签"那么简单,它背后体现的是国家碳排放水平和企业资金水平。由于美国、欧盟、日本普遍具有较高的环境保护意识,再加上雄厚的资金和技术支持,其排放水平低于中国,而中国的出口贸易产品想要通过发达国家制定的"碳标准"绝非易事。随着碳标签的推广,不符合"碳标准"的产品将无法"走出去",那么我国的出口贸易将面临极大挑战,很可能导致某些行业或者某些产品丧失竞争力甚至彻底退出国际市场。

目前碳标签种类繁多,传递的信息各异,还未形成统一的、有影响力的制度,但在全球应对气候变化的大环境下,碳标签将是一场中国企业无法躲避、不应躲避的竞争。

碳标签是一项技术性很强的环境标识制度,涉及产品和/或服务的碳足迹的计算标准、计算方法和测算,一般来说企业很难自行计算,及早制定战略可使企业幸免于竞争的冲击,抑或额外受益。

5.3.3　企业内部减排

企业进行碳盘查后,除选择信息公开以外,还可对经盘查识别出的重点排放源进行管理,有针对性地实施减排计划,如提高能源效率、技术改造、燃料转换、新技术应用等。

对大多数企业而言,对碳排放源进行管理、降低碳排放,是与降低化石燃料(煤、石油、天然气)使用密切相关的。通过减少化石燃料使用,降低企业碳排放还有很多协同效应,它除了能提升企业形象、践行企业社会责任等务虚的意义外,还能够切实地降低企业能耗、提高技术竞争力、改善现金流。在国家节能减排和应对气候变化的碳资产管理中最需要企业重视的一步是苦练内功、实施企业内部减排。

在国家大力提倡低碳经济的今天,企业开展节能减排实质上有很多

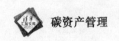

利好的模式和政策可以借鉴,以下对企业可能会利用到的模式和政策进行简单的介绍。

1. 合同能源管理模式,企业节能降耗的捷径

合同能源管理(energy management contracting,EMC)是指企业与专业的节能服务公司通过签订合同,实施节能改造。所签订合同的内容一般包括用能诊断、项目设计、项目融资、设备采购、工程施工、设备安装调试、人员培训、节能量确认和保证等。这种模式将节能技术改造的一部分甚至大部分风险,都转移给了节能服务公司。

对企业而言,通过将节能改造外包给专业的节能服务公司,可以解决前期技术改造升级所需的技术调研、设备采购、资金筹措、项目实施等关键问题,这种模式特别适合缺少专业人才和资金的中小企业。对于资金充裕、技术能力强的大企业,也可能会因为节能项目风险责任的转移而取得更为实在的效果。

另外,合同能源管理项目所产生的碳减排量还有可能在碳交易试点中出售,北京碳交易试点就已将节能项目的碳减排量认定为一种合格的碳抵消信用额。

2. 利用国家低碳政策,充分享受贷款、税收优惠

目前,各大银行基本上都建立了向节能低排放用户倾斜的"绿色信贷机制",很多银行还实行"环保一票否决制"[①],对低排放节能的企业提供贷款扶持,同时更快促进高耗能、高排放的行业低碳转型。在国际层面,同样有很多针对节能减排的融资项目,其中最典型的是中国节能减排融资项目(China Utility-Based Energy Efficiency Finance Program,CHUEE)。CHUEE是国际金融公司根据中国财政部的要求,针对企业提高能源利用效率,使用清洁能源及开发可再生能源项目而设计的一种新型融资模式。

另外,国家也出台了一系列税收优惠政策扶持企业节能减排和技术

---

① 陶拴科.银行信贷采取环保一票否决制[N].西部时报,2013-08-13(3).

改造。主要政策如下。①

● 根据《中华人民共和国企业所得税法》第二十七条第三项、《中华人民共和国企业所得税法实施条例》第八十八条、第八十九条,国家对企业从事符合条件的环境保护、节能节水项目给予企业所得税减免所得额优惠。

● 根据《中华人民共和国企业所得税法》第三十四条、《中华人民共和国企业所得税法实施条例》第一百条,企业购置用于环境保护、节能节水、安全生产等专用设备的投资额优惠可以按一定比例实行税额抵免。

3. 申请课题资助,助力低碳技术研发和低碳项目投资

国家为了加速低碳技术研发,也配套了各种资金,其中最为知名的是中国清洁发展机制基金(简称清洁基金)。2012 年以前,基金收入主要来自 CDM 项目收入。2012 年以后,由于 CDM 市场的萧条,来自 CDM 项目的收入迅速减少。目前,清洁基金的主要收入来源为基金运营收入。截至 2016 年 12 月 31 日,清洁基金累计收入款折合人民币 174.04 亿元②。清洁基金的使用分为赠款和有偿使用等方式。赠款可用于应对气候变化的政策研究、能力建设和提高公众意识的相关活动。有偿使用可用于有利于产生应对气候变化效益的产业活动。比如,在雾霾严重的京津冀地区,清洁基金重点支持的领域包括:热电联产和集中供热、加强城市供热节能综合改造、减少大气污染物排放、加快 PM2.5 治理等。

上述政策和资金等利好措施可使企业在实现节能减排的同时,获得低息贷款或技术支持,在获得外界最大程度帮助的同时,减少企业的实际支出。

传统理论普遍认为,碳减排对企业而言就是增加成本、给企业上

---

① 国家扶持企业节能减排、技术改造的财税政策[EB/OL]. 2011-12-23. http://www.fjqz. gov. cn/czj/B5AFED90A5940EEC5F0CAB16F8CB0DA4/2011-12-23/7833D3374D54463C269E7E5F6086FE5C. htm.

② 中国清洁发展机制基金管理中心. 中国清洁发展机制基金 2016 年报[EB/OL]. http://www.cdmfund. org/zh/jjnb/17033. jhtml.

"套",但实际上越来越多的理论支持"碳减排与经济增长并不矛盾"[①],甚至会促进经济增长,其中最权威的有全球气候与经济委员会开发的"新气候经济项目"和国际货币基金组织的报告。碳减排与经济增长并不矛盾的原因在于:第一,全社会的减排将会促进技术的变革,最终将促成成本的大幅降低;第二,限制碳排放会带来很多"协同效益",对企业而言最重要的协同效益就是降低能耗增加现金流。

5.3.4 碳中和

企业的低碳发展之路,首先是碳盘查,之后可以选择将信息公开,包括碳披露和碳标签,其次可对于经过盘查识别出的重点排放源进行碳管理,有针对性地实施减排计划。如果经过碳减排努力后仍存在碳排放,则可以通过购买碳额度的形式,抵消自身无法避免的二氧化碳排放量,这就是企业低碳发展之路的第三阶段:碳中和。碳中和也叫碳补偿,根据英国标准协会的碳中和标准(PAS 2060):"碳中和是指一标的物相关的温室气体排放,并未造成全球排放到大气中的温室气体产生净增加量"[②]。其中标的物可以是国家、政府、企业、活动、产品/服务、个人等。目前已开展或者正在开展的碳中和活动的主要案例如图5-5所示。

碳中和可购买的碳额度项目种类繁多,通常有植树造林项目、可再生能源项目、温室气体吸收类项目等。本节以汇丰银行为例,介绍其实现碳中和的路径。汇丰银行每年产生的二氧化碳约为70万吨,主要来自世界各地办公室运转和商务差旅。汇丰银行碳中和计划包括三个方面:第一,管理和减少银行的直接排放,比如使用双面打印、召开视频会议及使用节能灯;第二,通过购买"绿色电力",减少所使用电力的碳排放

---

① 腾讯网. 中美碳减排协议是美国人下的圈套吗[EB/OL]. 2014-11-01. http://view. news. qq. com/original/intouchtoday/n2976. html.

② 邓明君,罗文兵,尹立娟. 国外碳中和理论研究与实践发展述评[J]. 资源科学,2013,35(5):1084-1094.

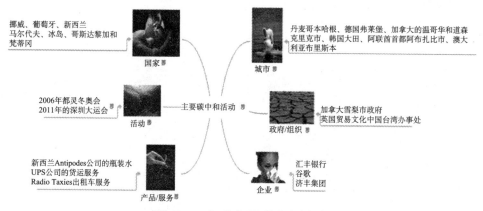

图 5-5　全球主要碳中和活动

系数[①]。第三,通过购买碳额度来抵消剩余的二氧化碳排放量,以达到碳中和[②]。汇丰银行所购买的碳额度项目包括来自中国的可再生能源项目,如风电和水电,也包括一些提高能源效率的项目,如捕获和再利用水泥生产过程中的废热等。

从上述路径中可以看出,汇丰银行的碳中和策略首先是建立在提高自身能源使用效率、减少自身温室气体排放的基础上,其次才是通过碳交易的方式来抵消企业运营所必须的温室气体排放量。这也是当代企业实现碳中和应采取的主流路径。碳中和不是以贫困地区的减排支撑发达地区企业的高能耗、高排放,而是企业自身通过努力减排无法完成零排放时采取的额外行动。碳中和一般包括以下步骤如图 5-6 所示。

通过自愿的方式,国内也进行了一系列有益的、积极的碳中和尝试。比如,2008 年 12 月,中国首个官方碳补偿标识——中国绿色碳基金碳补

①　常规的电力通常是由化石燃料发电获得,其温室气体排放系数高,而绿色电力是由风能、太阳能等可再生能源发电获得,这种电力通常比常规化石燃料发电更加清洁环保。企业通过选择"绿色电力"既可以减少自身碳排放,又能间接支持可再生能源发展。

②　李影梅.汇丰银行(HSBC)亚太区企业可持续发展总监区佩儿:"碳中和"的投资契机[EB/OL]. 21 世纪网,2011-05-10. www. 21cbh. com/HTML/2011-5-10/0NMDAwMDIzNzM0NQ_2. html.

图 5-6　碳中和实施步骤

偿标识发布[①]。如果个人愿意，可捐资到中国绿色碳基金通过"植树造林吸收二氧化碳"的活动获得碳补偿标识。2009 年 8 月 5 日，中国第一个碳中和企业诞生。天平汽车保险股份有限公司通过购买碳减排信用额，成为第一家实现碳中和的中国企业[②]。

　　碳中和一般都遵循自愿的原则，但近年来，某些行业的碳中和也在向强制化方向发展，其中最典型的是航空业。2013 年 6 月，国际航空运输协会(International Air Transport Association，IATA)[③④]通过了航空业"2020 年碳中和"方案[⑤]。"2020 年碳中和"方案主要包括三点内容：①根据 2018—2020 年的年均排放总量制定行业和航空公司的基准线。至 2020 年，年均燃油效率提高 1.5%。②2020 年实现碳中和。③在 2050 年将排放量削减至 2005 年的一半。

---

①　李瑞林，何宇. 中国第一个碳补偿标识发布[N]. 中国环境报，2008-12-26 (1).

②　国内自愿碳减排第一单交易在北京环境交易所达成，天平保险完成购买北京奥运绿色出行碳减排量成为中国第一个碳中和企业.

③　IATA introduction [EB/OL]. http://www.iata.org/about/Pages/index.aspx.

④　IATA 代表 240 家航空公司，占全球航空业务量的 84%。

⑤　赵彩凤. "碳减排"之争风波又起——解析国际航协通过碳中和决议严重违背公平公正原则[N]. 中国民航报，2013-06-17(3).

为实现"2020 年碳中和"目标,国际民航组织(International Civil Aviation Organization,ICAO)[①]制定了一系列措施,包括航空公司自主减排和外部市场机制。航空公司自主减排包括通过技术降低发动机能耗、使用替代能源、提升运营效率等,外部市场机制为全球市场措施机制(GMBM)。

GMBM 是全球第一个行业性减排市场机制。这一基于市场的减排机制将通过从其他行业购买碳减排量,使全球国际航空的碳排放停留在 2020 年水平。GMBM 分为三个阶段:试验阶段(2021—2023)、第一阶段(2024—2026)和第二阶段(2027—2035)[②]。目前,中国已确认从 2021 年试验阶段开始参加这一基于市场机制的减排措施。据测算,"中国民航业将为购碳花费 500 亿~1 000 亿元人民币,此项开销在 2035 年可能会占据公司总利润的 20%~50%。"[③]且不论该测算是否科学合理,这起码从一个方面说明了国内航空业所面临的国际监管的巨大压力。

目前,普遍认为航空业碳管制是一个有利于发达国家航空公司的不公平方案。因为,发达国家航空需求稳定,甚至下滑,已进入航空业成熟期,而发展中国家,特别是中国,由于收入水平上升,航空市场高速增长,将会为碳排放埋单。如果国内航空公司不积极行动,则将牺牲公司的利润,成为碳市场最大的金主。

综上可见,气候变化是客观事实,全球应对气候变化从未停止反而一直向前,发展中国家如果不研究发展规律,不制定相应政策,最终就不会出现有利于自己的实施方案。对于涉及国际协作、国际贸易的行业最终就可能会为碳排放埋单,丧失行业优势,发展变缓,付出不必要的代价。

---

① ICAO 是联合国系统中负责处理国际民航事务的专门机构,其主要活动是研究国际民用航空的问题。

② 张春.国际航空业建立首个控排机制[EB/OL].中外对话.2016-11-09.

③ 赵希.国际航空碳市场打上门了,中国是继续观望还是积极挺近?问题比想象得迫切[EB/OL].南方能源观察.2017-03-20.

5.3.5 参与顶层设计

碳市场来自政府走向企业,它的设计不仅需要政府及其智囊团的宏观设计,同时也需要企业特别是控排企业的微观反馈。只有通过"政府—政府智囊团—企业"三者互动形成的顶层设计才是成熟完善的,才能起到更好的管控作用。因此,全国碳市场需要企业参与顶层设计。同时,全国碳市场体量大,它是欧洲碳市场的两倍以上,是全球最大的碳交易体系①,各省的省情又完全不同,这些特点都将给企业参与顶层设计提供充分的实践机会。目前,已有一些企业积极参与了碳市场的顶层设计,主要形式为参与标准制定等。

在标准制定方面,以企业参与 CCER 方法学开发为例。大家都知道,大多数的 CCER 方法学由 CDM 方法学转化而来,多由国外机构开发,这些方法学要么不符合中国的实际情况,要么晦涩难懂,无法将企业潜在的碳资产转化为现实的碳资产。因此,已有企业自主开发了与本企业密切相关的方法学。

一流企业做标准、二流企业做品牌、三流企业做产品,控排企业应积极抓住顶层设计的机遇,做碳行业的领导者,而配额分配、方法学开发、MRV 系统和交易制度等核心要素将是企业切入参与顶层设计的最佳窗口。

5.3.6 碳交易

根据企业碳资产类型的不同,碳交易又可分为基于配额的碳交易和基于减排项目的碳交易。典型的基于配额的碳交易包括中国七省市的区域碳交易和 EU-ETS 碳交易,典型的基于减排项目的碳交易主要包括

---

① 环维易为.中国碳市场研究报告 2017[R],26.

CDM、CCER、VER 项目的碳交易。基于配额的碳交易多数是为了满足控排企业的履约需求,而基于减排项目的碳交易有可能是用于满足控排企业的履约需求,也有可能是企业为了满足自身社会责任和企业形象的发展需要。

中国企业参与的碳交易主要有三类:①参与 CDM 项目;②参与 2013 年开始的中国七试点区域碳交易;③参与自愿减排项目碳交易,如基于 VCS 标准、CAR 标准和 GS 标准的自愿减排项目。目前与中国企业密切相关的是第二类,本节将以中国试点碳市场为例介绍与企业相关的内容。

另外,由于碳交易会涉及资金的出入,因此,与碳会计相关的内容也是企业在实际交易中非常关心的一个问题,本次改版新增了与碳会计相关的内容。

1. 中国碳市场交易原理

目前中国碳市场有七个试点,每个试点碳排放交易体系的设计各有不同。但简单来说,中国碳市场交易原理大致可以如图 5-7 所示,图中粗箭头代表了碳交易中配额和抵消额度的走向。

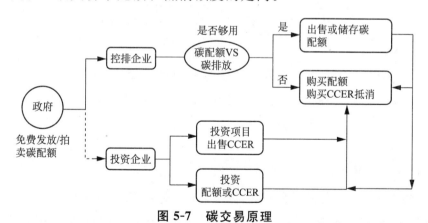

图 5-7　碳交易原理

从图 5-7 中可以看出,各级政府免费发放或者拍卖配额,控排企业在履约年度内测算企业拥有的配额量是否足够抵消本年度企业的排放量,如果配额量多余则可以出售,如果缺少则可以购买配额或者抵消机制下的信用额度,如 CCER。而对于投资企业,则可以通过投资配额交易和

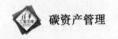

CCER 项目来实现在碳市场的投资。

2. 与企业密切相关的三个系统

中国碳市场碳交易的核心要素及配套制度如图 5-8 所示,本节将从与企业密切相关的三个系统,即图中虚线所示部分——监测、报告、核查(MRV)系统,交易系统和注册登记簿系统,来介绍与企业相关的知识。

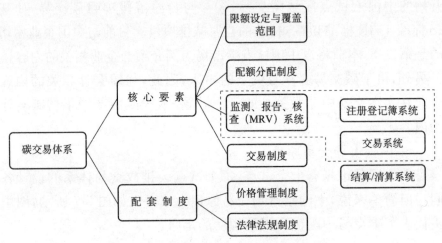

图 5-8　中国碳市场核心要素及配套制度

简单来说,三个系统的作用分别是:MRV 系统用于确认企业的排放量;交易系统用于找到同等配额量;注册登记簿系统用于企业上缴配额完成履约。本书择选北京试点的 MRV 系统、湖北试点的交易系统和深圳试点的注册登记簿系统为例,与读者共享中国碳市场的基础知识与成果。

1) 监测、报告、核查(MRV)系统

MRV 系统是碳交易的核心制度之一,是最终核实企业排放、确定配额总量和核定企业履约的基础。MRV 系统遵循"谁排放谁报告"的原则,由控排企业自行监测,自下而上向试点管理者报告,排放数据最终还会经过第三方核证机构核实。虽然各试点 MRV 系统细节各有不同,但原理是相通的。本部分以北京试点为例,介绍 MRV 系统主要涵盖的内容和要点。

MRV 系统分为两步,即企业自身监测和报告与第三方核查。

(1) 企业自身监测和报告的主要数据包括二氧化碳直接排放量和二氧化碳间接排放量等。从 2014 年起,控排企业还需要报送新增设施排放情况及相对应的产值、产品量、面积等活动水平[①]。二氧化碳直接排放量和二氧化碳间接排放量计算公式如下:

二氧化碳直接排放量=年化石燃料消耗量×燃料低位热值/1 000×单位热值含碳量×碳氧化率/100×44/12

二氧化碳间接排放量=电力消耗量×国家公布的排放系数

从上边的计算公式,可以清楚地看到企业需要监测的主要数据包括年化石燃料消耗量、燃料低位热值、单位热值含碳量、碳氧化率和电量等。

企业温室气体数据的报送主要通过"北京市节能降耗及应对气候变化数据填报系统"来实现,该系统主要操作界面如图 5-9 所示。

目前企业的温室气体报送多由企业内部的节能部或安环部承担,企业在网上填报数据后仍须在指定时间内提交纸质报告。

(2) 第三方核查。为了确认企业所提交数据的完整性和真实性,第三方审核机构将对企业提交的数据进行核查,核查一般包括以下步骤:文件评审、现场访问、核查报告编制、核查报告提交。核查的主要内容包括与上述监测数据相关的销售票据、报告及实测数据等,如购煤发票、电费发票、电表的校表记录、与热值等相关的实测报告。一般来说,与企业相关的履约时间周期如图 5-10 所示。

2) 交易系统

本节以湖北碳试点为例,介绍与企业相关的交易知识。

企业参与湖北试点碳交易通过"湖北碳排放权交易中心"交易系统来实现,该系统主要操作界面如图 5-11 所示。

从图 5-11 中可以看出,湖北省的交易方式有协商议价和定价转让两

[①] 郑爽.全国七省市碳交易试点调查与研究[M]1 版.北京:中国经济出版社,2014:30.

图 5-9　北京市节能降耗及应对气候变化数据填报系统

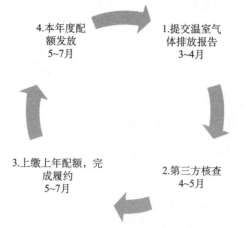

图 5-10 企业履约时间周期

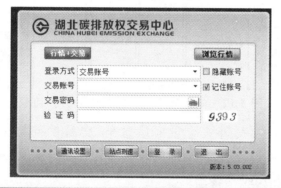

图 5-11 湖北碳排放权交易中心交易系统

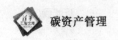

种,交易标的物包括湖北省温室气体排放配额和自愿减排项目的经核证减排量。

湖北省碳排放权交易系统对所有企业和个人开放,是试点交易系统中开放程度最高的试点之一。湖北试点交易开户流程如图 5-12 所示[①]。

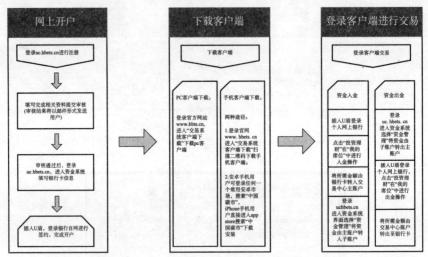

图 5-12 湖北碳排放权交易中心开户流程

在交易系统中,另外一个重要信息是,交易系统与注册登记簿系统是相连的,企业可以使用碳指标的唯一 35 位编码在交易系统与注册登记簿系统之间转入或者转出。

3)注册登记簿系统

注册登记簿系统是企业实现配额获取和履约的平台,以深圳试点为例,企业履约是通过"深圳市碳排放权注册登记簿"系统来实现,该系统主要操作界面如图 5-13 所示。

深圳市注册登记簿主要包括:配额持有人相关信息、配额权属信息、签发时间和有效期限、权利及内容变化信息。注册登记簿的工作原理如图 5-14 所示。

① 湖北碳排放权交易中心.网上开户指南[EB/OL].http://www.hbets.cn/kfzlJypt/2945.htm.2017-02-28.

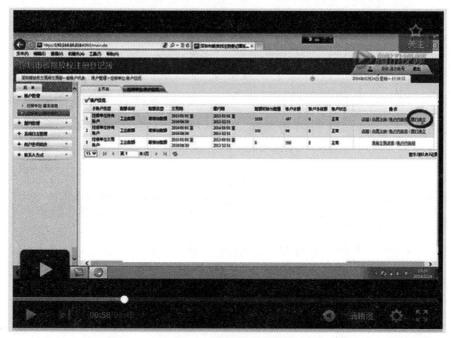

图 5-13　深圳市碳排放权注册登记簿系统

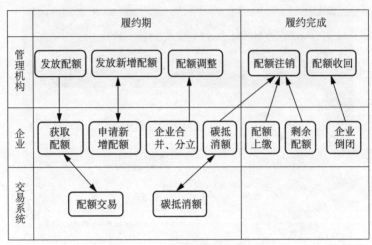

图 5-14　注册登记簿工作原理

从图 5-14 中可以看到企业通过注册登记簿获取配额,并将企业匹配好的配额量或者碳抵消量进行上缴,从而完成履约过程。

深圳已通过人大立法的形式通过了《深圳市碳排放权交易管理暂行办法》,它是所有试点中法律要求最严的试点之一。为保证控排企业能够按期履约,深圳试点制定了一系列奖惩措施,对于按期完成履约的企业,在申报节能减排资助项目和申请金融机构减排资金方面予以政策扶持。对于未按期完成履约的企业,将采用信用曝光、财政限制、绩效考评、法律追责等方式进行处罚。对于未足额提交配额部分,将从其下一年度配额中直接扣除不足部分,并处超额排放量乘以履约当月之前连续六个月配额均价三倍的罚款[①]。因此,对于已纳入管控行列的企业,一定要重视碳履约相关工作,以避免带来不必要的损失。

3. 中国碳市场抵消机制——温室气体自愿减排机制

在中国碳市场,通用的、最主要的抵消机制是温室气体自愿减排机制,所产生的减排信用额度是 CCER。由于 CCER 和 CDM 一脉相承,具

---

　　① 广东省深圳市人民政府. 深圳市碳排放权交易管理暂行办法[EB/OL]. 2014-04-02. http://www. sz. gov. cn/zfgb/2014/gb876/201404/t20140402_2335498. htm.

备良好的开发基础,因此,CCER 自推出之初就受到了市场的热捧,备案项目数量和备案减排量屡创新高。

在碳交易体系中,对控排企业而言,由于 CCER 价格明显低于配额价格,因此足量使用 CCER 履约也是企业降低碳管控成本、使碳资产升值的有效措施,很多碳资产公司也已针对性推出了"配额——CCER 置换业务"。该业务目前非常成熟,已被多家控排企业采用。因此,如果控排企业有相关需求,只要选择合适的碳资产公司合作,就可以使碳资产有效升值。

由于 CCER 开发需要一定的周期,因此,在项目设计初期(可行性研究报告和环评报告设计阶段),企业应考虑 CCER 开发相关的规定,并严格按照要求规范设计以避免企业碳资产的流失。

4. 碳税与碳交易

实际上,如果政府对每一个排放源的减排成本有充分了解,那么控制温室气体排放最有效的手段应该是直接管制,即直接对于每个排放源做出指令以达到全社会减排成本最小化。但在现实中,由于政府无法掌握这些信息,因此,实践中最常用的间接政策手段包括碳税和碳交易①,而二者又是依据截然不同的理论形成的。

(1)基于庇古福利经济分析理论的碳税。简单地说,庇古福利经济分析的核心是庇古税,即对于排污的企业征税,税额补贴第三方的损失,从而达到降低总排污量,该观点与污染者付税有很大的相同性。碳税属于价格干预,试图通过相对价格的改变来引导排污企业的行为,达到降低排放量的目的。比如,一家钢铁厂,由于生产必须排出一定的废气,但废气的排出又造成了周围居民医疗费用的增加,则政府通过对钢厂征税对周围居民医疗费进行补贴。如果税收合适,则钢厂必然会降低排放量从而减少缴纳的税费。

碳税最大的问题在于,很难确定最优税率,税率太低不会带来实质

---

① 曾刚. 碳税和碳交易 中国该选哪个〔EB/OL〕. 当代金融家 . 2009-11-12. http://finance. sina. com. cn/leadership/mroll/20091112/19456959018. shtml.

减排,税率太高会对实体经济造成影响。但是相对于碳交易制度,碳税的主要优势表现在:第一,覆盖范围广;第二,不需要建立额外的监督管理机制;第三,政策稳定,企业更容易应对。

到目前为止,碳税在全球范围内的实践还比较少。2013年,财政部、税务总局、环保部向国务院提交了环境保护税修改稿,该修改稿第一次将二氧化碳纳入环境税的征税范围(即通常所说的碳税制度)①。2016年12月25日《中华人民共和国环境保护税法》通过,将自2018年1月1日起实施。但由于争议较多,碳税并未作为环境保护税一个子税目开征。从长远来看,征收碳税在中国仍是大势所趋,但何时开征仍未确定。

(2)基于科斯产权理论的碳交易。科斯产权理论的核心是产权理论,即将生产要素理解为权利,允许双方讨价还价和交易。碳交易属于数量干预的范畴,在规定排放配额(确定减排数量)的前提下,由价格机制来决定排放权在不同经济主体之间的分配。还以钢厂为例,如果钢厂排放废气是它的权利,则居民就可以购买钢厂排放废气的权利,从而使钢厂废气排放降低。如果居民有权拒绝排放,则钢厂就可以购买排放权,从而多排放废气。

与碳税相比,碳交易的优势在于开始就设定了总量控制因而减排效果更明显,而且大多能促进低碳新技术的开发和运用。从现实来说,碳交易是更为经济有效的控制温室气体的手段。

5. 碳会计

随着我国碳交易工作的开展,与碳资产相关的开发、分配、持有、交易和履约均会影响企业的财务状况、经营成果和现金流量。为准确确认、计量和报告这些财务影响,则需要相应的会计法规提供指导,与碳交易相关的碳会计内容亟待进一步完善与规范。

目前,碳会计没有完全成熟的定义,通常认为"碳会计是指以有关法律、法规为依托,对碳会计主体的经济活动中碳排放权、碳固、碳税、碳信

---

① 杨孟. 我国建立碳税制度为时尚早[N]. 中国社会科学报,2014-06-04.

息披露等相关活动进行科学的、量化的计量和反映,从而客观评价企业生产活动中应履行的低碳社会责任的活动。"[1]

2016 年 10 月,财政部发布《碳排放权交易试点有关会计处理暂行规定(征求意见稿)》(下称《征求意见稿》)[2]。

《征求意见稿》主要包括以下三部分内容。

(1) 设立了与碳排放权相关的资产、负债的会计科目——"1105 碳排放权""2204 应付碳排放权"。

(2) 规范了与碳排放权相关的四种业务的账务处理,这四种业务为:

① 重点排放企业从政府无偿分配取得配额;

② 重点排放企业取得配额后先在市场进行出售的;

③ 重点排放企业按照规定将节约的配额或 CCER 对外出售的;

④ 重点排放企业或其他企业从市场中购入的碳排放权用于投资。企业在实际操作中如果符合以上业务模式,则可以查阅征求意见稿进行相应的会计处理。

(3) 明确了企业在财务报表上的列报和披露要求。

《征求意见稿》是由财政部颁布的首个直接针对碳交易业务的相关会计处理规范件,将为规范企业碳会计处理提供依据。目前,控排企业和碳资产公司大多以征求意见稿为依据进行相关的财务处理。

5.3.7 碳金融

在各类市场上,金融机构都发挥着活跃市场、资金流通的重要作用,碳市场也不例外。在碳市场上,控排企业很难独立获得实现减排所需的资金,因而产生融资需求;拥有减排能力的企业加入碳市场又存在专业知识和信息渠道的壁垒,因而产生顾问服务的需求;企业进行交易时,又

---

① 刘璐,吕东泽. 碳会计现状探究[J]. 合作经济与科技. 2017,(8):155-156.
② 关于征求《碳排放权交易试点有关会计处理暂行规定(征求意见稿)》意见的函[EB/OL].
中国财政部. 2016-09-23.

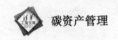

会产生风险规避需求。因此,需要金融机构活跃地参与到碳市场中,发挥创造性思维,开发更多的碳金融产品。

随着企业和金融机构对于碳资产认识的不断加深,碳金融将更加成熟,更好地服务于企业碳资产管理。

5.4　企业碳资产综合管理现状

上一节已介绍了企业碳资产管理的实施体系,读者对于企业如何开展碳资产管理也有了一定的认识。本节将通过案例向读者介绍企业碳资产综合管理现状。

5.4.1　国外控排企业碳资产管理案例分析

EU-ETS 是目前世界上企业进行碳资产管理实践最多的碳交易体系,本节以 EU-ETS 下控排企业参与碳资产管理的实践为例进行分析。

EU-ETS 第二阶段覆盖了欧洲 30 个国家(27 个成员国以及冰岛、列支敦士登、挪威三国),11 000 个主要能源消费和排放行业的设施[1],涵盖电力、钢铁和水泥等行业,包括了欧盟一半以上的二氧化碳排放。欧盟控排企业进行碳资产管理完成履约的路径如图 5-15 所示。

欧盟控排企业最终选择哪种路径完成履约一般依据以下因素,以重要程度顺序标注如下:①减排成本,企业最终会优先选择履约成本最低的路径。欧盟的罚款为每吨 100 欧元,而配额最高价格只有 20 欧元左右,因此,控排企业会选择购买价格较低的配额进行履约。②风险因素,

---

[1]　深圳碳交易考察团.学习借鉴 EU-ETS 经验与建设中国碳排放交易体系[J].开放导报,2013,(3):50-63.

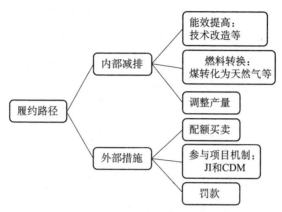

图 5-15　欧盟控排企业履约路径

主要包括经济风险和技术风险。比如,欧盟某一控排企业选择了内部减排,但实际上通过一年的监测发现最终未能达到减排目标,那么只能选择从市场上购买配额或信用额度,在履约期就可能成本很高,造成经济损失。技术风险容易理解的例子也是和内部减排有关,例如选择了技术改造,但最终发现技术实施上有问题,无法实现减排目标,则可以归为技术风险。③声誉。对于大型企业如果最终因未能履约被罚款,将对公司的声誉产生影响。

　　德国是欧盟二氧化碳排放最多的国家,其排放量约占欧盟总量的 20%①,EU-ETS 下德国所涉及的控排企业约为 800 家。对大型控排企业来说,由于频繁碳资产交易的需要,同时由于企业现有交易平台、技术、人才的储备,碳交易作为能源交易的一个分支,一般会很快被吸纳到现有交易体系中去,碳资产管理将消化在企业内部。对更专业的低碳技术调研和开发,则会选择大学或者商业合作伙伴进行合作。对小型控排企业来说,由于交易成本等限制,其碳交易大部分交由中间商打理②,其

---

　　①　深圳碳交易考察团.学习借鉴 EU-ETS 经验与建设中国碳排放交易体系[J].开放导报,2013,(3):50-63.

　　②　Peter Heindl,Benjamin Lutz. Carbon Management Evidence from Case Studies of German Firms under the EU ETS[R]. 2012-10.

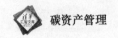

碳资产管理一般会设定成本利润条件交给咨询公司。本节将以德国某大型燃煤电厂(简称电厂 A)碳资产管理的案例来进行分析。

电厂 A 拥有五台燃煤发电机组,总装机容量 1 700MW,每年售电量超过 60 亿度,为 11 万家庭提供热量,年销售收入 4.5 亿欧元。电厂 A 每年经核查的排放量为 650 万～700 万吨二氧化碳,每年发放的免费配额约为 600 万吨,因此,该公司每年配额或减排信用额度并不足以抵消自身的排放。该公司在碳资产管理方面的主要内容如下。

(1) 该公司负责 EU-ETS 框架下的监测、报告和核查,但不负责配额交易,配额由向其订货的电力公司在订购电力时提供,而电力公司会将配额成本加到销售电价中。因此,电厂 A 会对配额价格长期追踪并做出收益预测,因为配额价格会像其他原材料(比如燃料)的价格一样影响公司的销售收入。

(2) 低碳技术储备:与欧盟政府、大学、企业等开展低碳技术储备工作,包括对现有热电联供机组工艺优化、碳捕获与封存(CCS)、碳循环等技术。

(3) 燃料转换:由黑煤转化成动力煤,可以在一定程度上降低碳排放,但这种情况要考虑燃料成本和销售电价之间的性价比。

(4) 相比对碳价的关注,电厂 A 更关注国内能源政策的调整和欧盟气候政策的变化。因为德国电力市场是完全开放的,比如德国选择禁用核电,则核电原先占有的市场份额会被其他电力发电形式瓜分。另外,如果欧盟采取更严厉的气候政策,则配额的成本有可能在电力生产成本中占比极高,影响售电收入。

总的来说,企业进行碳资产管理的最终目的是在有效锁定净利润的同时完成履约。而电厂 A 的碳资产管理也代表了大部分企业碳资产管理方面的主要内容:①有效履约,包括监测、报告和核查;②低碳技术调研和开发,包括工艺流程优化、CCS 和碳循环;③对国内能源政策和欧盟气候政策的长期追踪;④价格预测和净利润测算,包括燃料价格和配额价格预测、不同燃料情景下净利润测算等。

5.4.2 国内控排企业碳资产管理案例分析

从 2013 年中国碳市场启动开始,中国七个碳交易试点的碳排放配额总量约为 12 亿吨,纳入的控排企业为 2 134 家[①],所涵盖的行业主要包括电力、钢铁、有色、建材、石化、化工、玻璃、陶瓷、电解铝、民航等。本节将以中国石油化工集团公司(简称中国石化)为案例来分析国内控排企业进行碳资产管理的实践。

根据公开信息,目前中国石化被纳入碳交易试点所属企业超过 20 家,分布于除深圳以外的其他六个试点。2014 年 5 月,中国石化发布了《中国石化碳资产管理办法(试行)》(简称《管理办法》),这是中国企业首次为碳资产设定管理办法。《管理办法》的主要意义在于明确了各部门工作职责,为碳资产管理确立了组织框架,主要内容如图 5-16 所示。

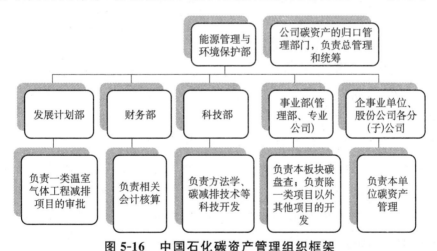

图 5-16 中国石化碳资产管理组织框架

强有力的制度保证了中国石化碳资产管理工作的顺利开展。目前,中国石化的碳资产管理工作已涉及前文所提及的企业碳资产管理的四

---

① 国内碳市场行情与自愿减排项目开发进展[EB/OL]. 低碳工业网,2014-10-23. http://www.tangongye.com/CarbonAsset/NewShow.aspx? id=7101.

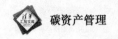

个方面。

在碳盘查方面,中国石化是国内石化行业中首家开展碳盘查的企业,早在 2013 年年初,中国石化就已经部署了全系统的碳盘查工作。在节能减排方面,中国石化国内率先启动"能效倍增"计划[①],计划分三步采取六大措施,到 2025 年将能效提高 100%。在碳交易方面,中国石化在 2013 年和 2014 年两个履约期的累计交易量约 389 万吨,达到同期国内市场交易规模的 8%[②]。同时,中国石化参股北京环境交易所和上海环境能源交易所,是央企中唯一一家布局两家碳交易所的企业。综上,中国石化在碳资产管理方面已走在控排企业的前列。

目前,多数企业已经在组织机构等方面进行了配套。但是,大多数控排企业在碳市场能力建设、人才储备和企业应对策略方面仍显不足。

5.4.3 国内非控排企业碳资产管理的机遇与挑战

为了活跃市场,深圳、湖北、天津、重庆等试点已经放开非控排企业参与碳交易的门槛。目前参与碳试点交易的非控排企业大多为专业碳资产管理公司和投资机构,很少有非试点地区的电力、钢铁、有色、建材、石化、化工、玻璃、陶瓷、电解铝、民航等企业参与碳交易。本节重点讨论非试点地区以上重点行业企业的机遇与挑战。

对于非试点地区能源消耗量在同等规模以上的企业,碳交易既是机遇又是挑战。电力、钢铁、石油同属用能大户,目前已纷纷参与到各地碳市场中去。与电力和石油行业相比,钢铁行业又有其非常鲜明的特点:各试点钢铁行业配额分配大多采用历史法,同时钢铁行业大多属于地方企业,企业内部各下属公司之间基本没有关于碳交易的交流,属于单打

---

① 中石化 2015 年绿色账单曝光,大量真实数据外泄[EB/OL]. 人民网,2016-03-07. http://energy. people. com. cn/n1/2016/0307/c71661-28178986. html.

② 郭伟. 全国碳市场建设进展及石化行业碳交易实践[J]. 中国石油和化工经济分析. 2016,(7):11-13.

独斗的状态。而这两个特点基本上代表了其他有可能被碳交易体系覆盖的潜在控排企业的基础情景。本节以 SWOT(strengths、weaknesses、opportunities、threats)法分析钢铁行业非控排企业的优势、劣势、机会和威胁,如图 5-17 所示。

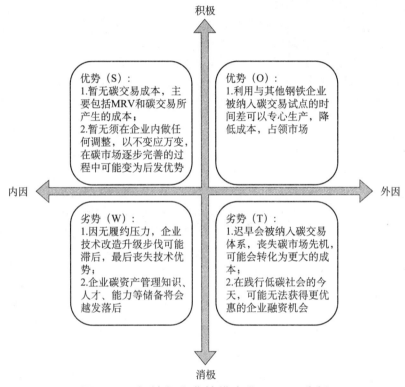

图 5-17　钢铁行业非控排企业 SWOT 分析

从上述 SWOT 分析中,可以清晰地看到钢铁行业非控排企业参与碳交易的优劣势都非常明显,根据企业的现状制定适合企业自身的碳资产管理综合方案将变得非常重要,非试点地区以上重点行业企业有必要对碳资产管理进行专项分析,发现机遇,应对挑战。

第 6 章
企业碳资产
管理服务

6.1　企业碳资产管理战略的制定

　　毋庸置疑,未来必然是一个碳约束时代。如果被纳入管控范围,企业将迎来"碳硬约束时代"。对企业而言,迎接"碳硬约束时代"给企业带来了风险,也带来了众多的发展机会。企业的生产运营将面临一个能源以及碳排放环境容量更为稀缺的环境,企业如果期望在低碳经济转型中获得先机,就必须从现在开始重新审视企业定位和发展战略。此外,"碳硬约束时代"对企业而言是长期的、全方位的、立体式的,只有通过将碳资产管理纳入企业运营管理的战略中,企业才能有效降低气候变化问题带来的风险,最终实现企业的可持续发展。

　　碳约束是企业良性发展不可缺少的抓手,只有尽早地抓住这只无形的手,企业最终才能避免付出更为沉重的代价。那么,企业如何依据自身特点制定合适的碳资产管理战略,最终实现碳资产的保值和增值呢?本书认为企业碳资产管理战略的制定可以概括为三步走。

6.1.1 企业碳资产管理战略制定三步走

企业碳资产管理战略的制定一般可以概括为三个步骤,如图 6-1 所示。

图 6-1 企业碳资产管理战略制定三步走

1. 明晰组织架构

总结国内和国际顶级公司碳资产管理经验,凡是能够有效执行公司最初制定碳战略的公司都有一个共同的特点:成立了由高层领导挂帅的多部门联席、职能明确的工作小组或专业的碳资产公司。

一般来说,大公司的运营都比较繁忙有序,如果碳约束并未强制纳入企业的管理体系,则碳减排工作最终很可能流于形式或者大打折扣,只有高层领导亲自挂帅并督导,在碳减排需要内部、外部支持时,才能获得应有的力度,最终确保碳资产管理工作顺利进行。而碳资产管理又是新兴事物,关系到生产和运营的各个方面,如果不预先将可能涉及的各个部门纳入工作组之内就会出现关键点遗漏等问题。一般企业碳工作组应纳入的部门包括战略部门、科技部门、环保部门、财务部门、运营部门等。只有各部门职能明确,才能各司其职以保证最终效果。

经过 3~5 年的部门培育,企业可以考虑将碳资产管理部门设立为单独的碳资产管理公司,以保证更好的碳资产管理。五大电力公司是参与 CDM 交易和国内碳市场最早的企业,经过 CDM 市场的培育,华能、大唐、中电投等企业均已经建立了独立的碳资产公司,保证了企业碳资产的管理。

2. 制订最优碳资产管理方案

组织架构明确以后,企业需要制订最优的碳资产管理方案,以保证碳资产管理的战略可以实际被执行。制订最优企业碳资产管理方案包

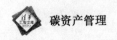

括制订最优的碳减排方案、碳履约方案和碳交易方案。

碳减排方案制订的步骤一般如图 6-2 所示,碳履约方案制订的步骤一般如图 6-3 所示。

图 6-2　碳减排方案制订的步骤

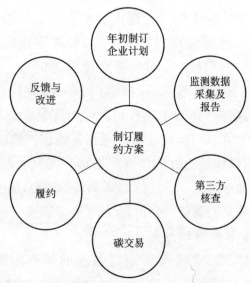

图 6-3　履约方案制订的步骤

上述碳减排方案和履约方案的制订虽有很多不同,但其核心都是以最小的成本实现最大的利润。采用先进的碳减排技术,在技术上绝对领先,不仅是企业节能降耗增加利润的重要手段,同时也是获得更多碳资产盈余的保障。根据全国碳市场设计,目前大多数行业在对控排企业进行配额分配时,都是采用基准线法。因此,如果企业能耗值低于基准线值,则不仅意味着企业生产成本较低,而且因为碳减排强度低,企业在生产过程中会带来碳资产的额外收益。如大型的控排企业除了要制订最优的碳减排方案、碳履约方案外,碳交易方案的制订也是非常必要的。

目前的碳配额均由政府免费发放,一般在当年的下半年会予以发放,而履约使用则是在第二年的六月份前后。因此,碳配额从发放到履约保守说有至少半年的闲置期。合理制订碳交易方案正是有效地利用了配额使用的"季节性",使碳资产增值。目前碳市场还不成熟,为避免碳价波动带来的交易风险,建议前期选择保守稳健的交易策略。已被证实的保守型碳交易策略包括配额——CCER 置换、保本型碳托管、碳质押抵押等。由于碳资产管理方案将成为企业贯彻节能减排的日常工作方案,很多大公司碳资产管理战略能取得最佳战果,还往往聘请了专业的碳资产管理公司、其他研究机构,请专业的人来做专业的事,以最小成本取得最大收益。

3. 融入组织,寻找外部机会

企业如能够融入各种组织,如行业协会、低碳联盟等,就能获得较多的专业资讯并获得外部机会。任何新鲜事物要想成功运行起来,离不开初期政府大力地宣传和培育。在市场运行初期,政府往往会投入大量的资金和人力,同时也会树立一批各式各样的"碳典型",比如前文提到的国家将"选择重点企业试行'碳披露'和'碳盘查'"等。如果企业能够融入组织,则有机会成为碳时代的"碳典型"。这将不仅会使企业完成约束目标,也必将使企业以碳减排为抓手获得进一步的利益。

上述是企业制定碳资产管理战略的关键三步。需要注意的是,在现实中,三个步骤可能不是顺序发生的,有可能是交叉甚至倒序发生的,但

只要三个步骤健全且有效实施,企业就能从碳市场中受益。

6.1.2 行业碳管控风险和成本评估

前文已经详细地论述了企业碳资产管理的必要性以及企业碳资产管理的实施体系,那么在"碳硬约束时代",哪些企业所在行业面临的碳管控风险最大呢? 哪些企业由于碳管控所形成的成本最高呢? 概括来说,能源使用密集且碳计量方法学成熟的企业可能面临的碳管控风险最大,而能效较高且能源使用便于计量的企业可能面临的碳管控成本最高[1][2],如图 6-4 所示。

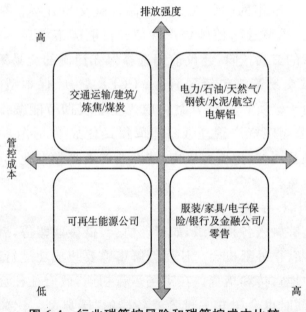

图 6-4　行业碳管控风险和碳管控成本比较

---

① 气候组织. 中国企业碳战略制定指南[EB/OL], 2011-06. http://wenku. baidu. com/view/103a4e0416fc700abb68fc02. html.

② Andrew J. Hoffman. Carbon Strategies: How Leading Companies are Reducing Their Climate Change Footprint[M]. 李明,译. 碳战略,顶级公司如何减少气候足迹[M]. 北京:社会科学文献出版社,2007.

从图 6-4 中可以看出,碳排放强度越大的行业受到碳管控的风险越大。但是,影响行业纳入碳管控的另一个重要因素是碳计量方法学。如果方法学不成熟,难以计算或计量成本高,则行业被纳入碳管控的节奏则可能会滞后。

6.2　企业碳资产管理服务的核心内容

6.2.1　基础顾问服务,保证碳资产的基础价值

基于配额碳资产和减排碳资产,企业碳资产管理服务的内容又是不同的,但碳资产管理服务的基础核心就是保证碳资产的基础价值。

1. 基于配额碳资产的履约服务

基于配额碳资产的履约服务的核心内容和目的是以最优成本完成履约:对于负碳资产企业,碳资产管理公司帮其实现购入碳资产的成本最小化;对于正碳资产企业,碳资产管理公司帮其售出碳资产实现资产最大化。其主要服务内容如图 6-5 所示。

控排企业是否外聘碳资产管理服务团队或聘请具有什么样工作能力的碳资产管理服务团队来完成履约工作,对企业碳资产的最终价值的实现是不同的。对此,主要做出以下两方面的说明。

● 向细节要效益,争取最大配额结余量。

实际上在各试点的二氧化碳排放核算和报告指南中,有很多技术细节,如果这些细节被注意到,那么控排企业核算出来的排放量可能会有差异,最终控排企业的配额结余量也将不同。比如"协助企业完成数据采集及合理性评估"方面,企业采集温室气体数据肯定会涉及电表、气表、热力相关仪表等相关信息,在报告年度中企业难免会出现仪表损坏

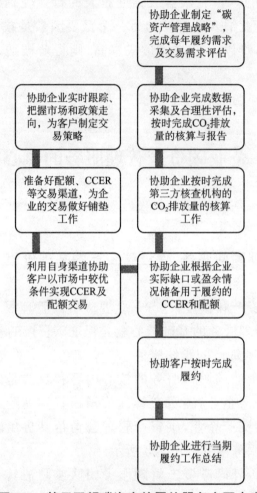

图 6-5　基于配额碳资产的履约服务主要内容

更换的现象,一旦未能及时更换,那么企业的排放量就可能会根据保守原则被放大,最终导致配额结余量减少。

- 搭配最优配额和减排碳资产组合。

目前,中国试点碳市场还在初级阶段,远未达到成熟,结合欧盟碳市场初期运行经验,由于供需关系以及某些政策的调整,配额或减排信用额度的价值很可能变化很快,而外聘专业的碳资产服务团队可以更好地把握供求关系最终实现碳资产的保值增值。

2. 基于减排碳资产的项目开发服务

基于减排碳资产的项目开发服务的核心内容和目的是尽早成功将项目备案并获得项目减排量备案,获取项目所产生的最大减排碳资产价值,其主要服务内容如图 6-6 所示。

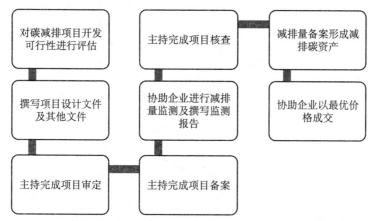

图 6-6 基于减排碳资产的项目开发服务主要内容

中国碳市场下用于抵消机制的 CCER 就是一种典型的减排碳资产,汉能碳资产研究团队对 2014 年 10 月 31 日前已备案的 90 个项目的开发周期进行了统计,具体如图 6-7 所示。

从图 6-7 中可以看出,开发周期最短的项目仅仅花了 82 天就完成了项目的备案,而开发周期最长的项目则花了 295 天。项目开发周期的差别将影响 CCER 的上市时间,也将影响项目最终的减排资产收益。

6.2.2 高端定制服务,高回报盘活碳资产

除了上述提到的基础服务以外,其实碳资产管理服务也可以提供高端定制服务,以帮助业主高回报盘活碳资产。

1. 排放源节碳能力诊断和商机分析

谈到节碳能力其实很容易等同的一个概念就是节能能力,但实际

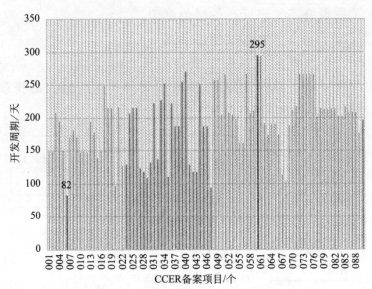

图 6-7　CCER 备案项目的开发周期统计

上,这两个概念是有差异的。节能能力和节碳能力正相关,节碳能力是在节能能力的基础上乘以合适的碳排放因子。大多数企业很容易注意到企业节能能力的改善并能做到位,但因碳排放因子影响的相关部分很可能会被忽视。事实上,很多时候碳排放因子还是会影响企业最终的排放量,某些情况甚至影响很大。因此,全面评估企业排放源节碳能力对大型控排企业而言是必要的,也是企业实现碳资产保值增值的重要手段。在此,本书仍以案例来说明这一问题。

表 6-1 来自《北京市企业(单位)二氧化碳排放核算和报告指南(2013版)》附表 1,从表中可以看到燃料碳氧化率范围为 85%~99%,这些数据代表了中国相关行业企业绝大多数的情况,因此被默认为默认值。但是对某一特定企业,有可能其碳氧化率就是不同的,那么其节碳能力就会增加 2%~3%,企业的配额结余就会增加 2%~3%,企业参与碳交易的处境就会完全不同。

表 6-1　无烟煤和一般烟煤燃料热值、单位热值含碳量与碳氧化率默认值

		低位热值/ （GJ/t）	单位热值含 碳量/（tC/TJ）	燃料碳氧化率/ （％）
无烟煤	发电企业	20.304	27.49	97.3
	水泥企业	23.210	27.29	99.0
	石化企业	27.040	27.65	96.0
	热力、服务和 其他企业	20.304	27.49	85.0
一般烟煤	发电企业	19.570	26.18	97.0
	水泥企业	22.350	26.24	99.0
	石化企业	22.350	25.77	86.5
	热力、服务和 其他企业	19.570	26.18	85.0

另外，控排企业除了应关注自身的节碳能力避免在行业内付出过高的碳交易成本以外，还应考虑整体行业对碳市场的理解和把握程度。通过外聘专业的碳资产管理服务团队，了解最新的碳市场资讯，分析最新的低碳商机对企业整体的正确决策都是有利无害的。毕竟以碳市场为抓手的低碳经济转型势在必行，而且力度只会越来越大，从碳市场的角度来理解节能减排，可能会有不一样的发现，从而得到新的商机。

2. 供需预测、价格发现

企业碳资产管理服务的终极核心是配额碳资产或减排碳资产的价格，因为它直接影响了企业买或者卖的现金流，但是想要得到碳资产的单价，又依赖于供需关系，因此准确地对于市场碳资产供需关系进行预测发现价格就变得尤为重要。

实际上，在欧盟 EU-ETS 市场中，国内外学者就已经注意到配额价格或者减排资产价格会作为成本或利润向企业净利润传递。中国火电

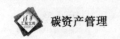

厂二氧化碳排放量占全国碳排放量的40%左右[①],本节将以电力行业为例来说明碳价格向企业利润的传导。

在欧盟碳市场,发电企业一般是通过"电力—燃料—碳排放权"三角交易来规避风险,管理企业碳资产[②],即企业在卖出电量获得收益的同时储备对应数量的发电燃料和碳排放权。但与欧洲不同,中国政府在电力上网电价方面管控特别严格,因此通过将碳价向上网电价传递来保持企业利润,对于中国的发电企业或许有可能,但在能够实现之前,企业必然要经过长时间的内部消化。因此,中国的发电企业比欧洲的发电企业更需要了解供需关系、发现价格。这一原则同样适用于其他行业,通过实地走访各个控排企业,分析各种资讯并通过内部渠道分析总结是完全有可能提前对供需关系和价格做出预测的。表6-2和图6-8是汉能碳资产研究团队对国内现有碳成交量和价格的追踪,通过这些对价格的追踪就有可能确定供求关系、发现价格,从而帮助企业有效锁定净利润。

表6-2　2017年6月16日国内碳排放配额交易概览

交易产品	成交量/吨	累计成交量/吨	成交均价/（元/吨）	均价涨跌/元
深圳市碳排放权配额	31(SZA-2013) 2(SZA-2014) 4 509(SZA-2015) 32 770(SZA-2016)	19 947 202	32.00 (SZA-2013) 34.79 (SZA-2014) 41.00 (SZA-2015) 22.14 (SZA-2016)	−0.36(SZA-2013) ------(SZA-2014) −6.03(SZA-2015) −0.20(SZA-2016)
上海市碳排放权配额	35 965	9 282 833	33.14	−0.87
北京市碳排放权配额	14 602	6 964 095	51.49	−5.14

---

① 姚飞宇.各省市积极推进碳排放权交易 电力行业需未雨绸缪[EB/OL].中国电力网.2013-10-10. http://www.chinapower.com.cn/newsarticle/1195/new1195294.asp.

② 陈一然.欧盟电力企业碳资产管理分析[J].低碳世界,2013,(3):9-31.

续表

交易产品	成交量/吨	累计成交量/吨	成交均价/（元/吨）	均价涨跌/元
广东省碳排放权配额	940 599	44 143 959	12.94	＋0.44
天津市碳排放权配额	980	2 494 469	13.50	——————
湖北省碳排放权配额	214 841	38 771 938	15.28	－0.36
重庆市碳排放权配额	2	5 622 428	1.36	－0.34
福建省碳排放权配额	239 435	1 668 008	22.42	－0.40

在 CDM 繁荣时期,新建风电项目凭借 CDM 带来的利润可以折合为每度电几分钱的利润。别小看这几分钱的利润,就是这几分钱的利润使很多风电项目扭亏为盈实现微利。中国企业上网电价的上调一般都是缓慢滞后的。因此,研究供需关系、发现价格其重要性不言而喻。

3. 核心技术要素研究服务

前文已提到,碳市场客观上需要控排企业参与顶层设计,控排企业也有参与碳市场设计的主观意愿。但如何参与碳市场顶层设计却需要强大的技术研发能力做后盾。碳市场顶层设计不仅需要了解本行业的专业知识,同时还需要了解碳市场的核心技术要素和国内外碳市场运行的经验。因此,企业往往会聘请专业的碳资产管理公司共同进行顶层技术的研究。

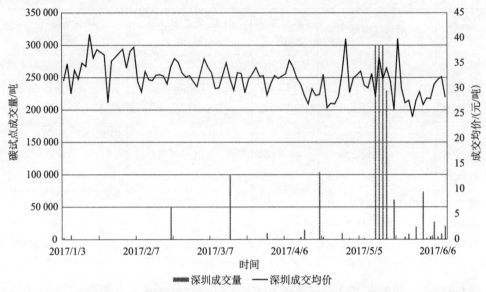

图 6-8　深圳碳试点 2017 年成交量和成交均价追踪

　　另外,减排碳资产的开发也往往伴随新方法学或碳减排计算方法的开发,只有开发新的减排计算方法才能更好地使潜在的碳资产转化为现实的碳资产。这里以蚂蚁金服的碳账户为例介绍碳减排计算方法量化的意义。

　　碳账户和资金账户、信用账户一起,被定义为支付宝的三大账户。它通过量化用户的步行、地铁出行、在线缴纳水电煤气费、网络购票等行为,计算相应的碳减排量;当用户的碳减排量达到一定值,支付宝会在现实某个地域种下一棵真实的树,从而帮助用户实现减排。量化碳减排量的核心是通过蚂蚁金服和北京环境交易开发的绿色低碳活动减排量计算器以及方法学计算出用户的碳减排。如果没有这一方法学则普通用户的碳减排无法计算,而这一方法学又是基于蚂蚁金服的特定需求开发的。碳账户将节能减排与千千万万的普通大众连在了一起,激发了大众参与减排的兴趣,并提供了减排量量化的平台。

　　综上可见,客户定制需求的核心技术研究只能通过聘请专业的碳资产管理服务公司实现,只有这样才能取得更好的效果,并获得最大化的碳资产。

4. 碳资产管理体系构建服务

虽然交易试点的碳交易已经进行了四年,但在走访控排企业的过程中,我们仍然发现企业的碳资产管理体系大多未构建完成或者尚不健全。突出表现为企业从未进行过碳交易或者临近履约高价交易的情况比较多。碳资产管理体系构建包含很多层次,与企业密切相关的包括碳盘查管理体系的构建和碳交易体系的构建。本部分以碳盘查管理体系的构建和碳交易体系的构建为例介绍企业碳资产管理体系构建服务。

建立完善碳盘查管理体系的核心是标准化、模块化工作内容,以降低企业的个体特征和办事人员的干扰。本部分以大型控排企业为例,介绍碳盘查管理体系的主要内容。企业碳盘查管理体系的主要内容如图6-9 所示。

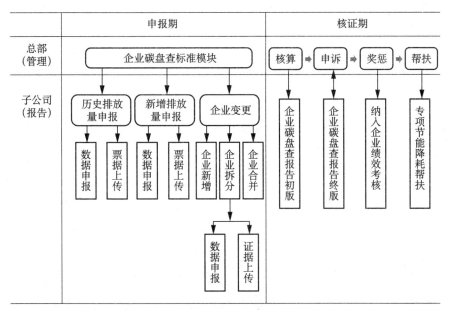

图 6-9　企业碳盘查管理体系的构建

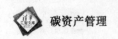

企业碳盘查是企业开展碳资产管理的第一步也是关键的一步,不了解自身的碳排放,企业碳资产管理也就无从谈起。全国碳市场启动以后,对于大型控排企业,其纳入全国碳交易体系的子公司往往有上百个。面对情况各异的子公司,如何利用有限的人力资源,摆脱子公司个体情况和工作人员的干扰,高效准确地了解子公司的排放将成为摆在管理者面前的一道难题。图 6-9 以示例的形式展示了企业碳盘查管理体系的主要内容,通过该标准化内容,企业的碳盘查水平将简化并标准化,企业碳资产管理将变得有据可依。由于企业管理的碳盘查标准模块和核算模块对碳技术高度依赖,一般企业无法独立完成,建议企业在碳盘查体系搭建初期聘请专业的碳资产管理公司进行相关技术研发,以达到最好的管理效果。

如果说碳盘查的内容使管理者了解了自身的排放,以更好地制定企业碳管理策略,那么企业碳交易管理体系的建立将更为复杂,因为企业碳配额发放直接分配到各子公司,而各子公司大多独立经营,相互之间的经济利益往往不一致,那么对总公司而言是集中管理更好,还是相互撮合更好呢?答案其实是不一定的,这应根据各公司的具体情况具体分析。

自全国碳市场启动以后,对于大型的控排企业集团其年度配额量往往上亿吨,这部分资产也将价值几十亿元甚至几百亿元,这部分资产的管理也将变得尤为重要。前文已提及企业从配额发放到清缴大约有半年的时间差,如何利用好这半年的时间差呢?企业建立碳交易标准模块将对盘活该部分碳资产意义重大。企业碳交易体系标准模块的主要内容如图 6-10 所示。

通过图 6-10 我们可以看到,碳交易标准模块体系构建的意义在于形成完备的交易产品套餐,各子公司只要按照自身的情况在产品套餐中选择一款即可。这样避免了子公司在碳市场形成过程中的试错,并利用规模效益,实现了利益最大化。

总的来说,企业在实际进行碳资产管理中可能会遇到各种各样的问

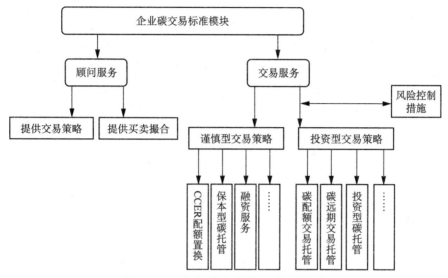

图 6-10　企业碳交易管理体系构建

题,而聘请专业的碳资产管理公司帮助企业构建碳资产管理体系,可以使企业更快地步入管理的正轨,事半功倍。

6. 碳金融增值服务

随着碳市场的推进和不断成熟,碳金融业务的品种和类型必将越来越多。企业想要在碳金融业务方面获得保值和增值,必须有同时了解碳市场和金融的人才,而这一点大多数企业是无法办到或需要相当成本才能办到的。基于碳金融,碳资产管理可以提供的服务包括碳金融机会发现与识别、碳金融业务撮合等,而其主要目的可以概括为获得融资机会或者规避风险。以下将详细介绍。

● 碳金融机会发现与识别:碳资产管理服务公司扎根碳市场,掌握各种碳信息,同时也与不同的金融机构接触,有能力发现并识别最有利的金融产品。

● 碳金融业务撮合:任何一种碳金融产品新推出以后几乎都伴随创新,而任何新鲜事物在被认可之前,背后都需要强有力且专业的协调作为支撑。碳资产管理服务公司作为企业的智囊团有能力协调碳交易主

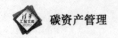

管部门、金融机构、交易所等不同领域的相关方,并最终促成碳金融创新,为企业规避风险甚至获得融资资金。

目前,碳市场还不成熟,很有可能存在风险,但同时也有可能伴随不菲的回报。利用合适的金融工具规避风险甚至实现融资功能对企业而言无疑是一块诱人的蛋糕。只有合理利用,企业才能获得最终的果实。

参考文献

[1] Andrew J. Hoffman. Carbon Strategies：How leading Companies Are Reducing Their Climate Change Footprint[M]. 李明,译. 碳战略,顶级公司如何减少气候足迹[M]. 中国：社会科学文献出版社,2007.

[2] IASB. IFRIC Interpretation No. 3,Emission Rights,2004.

[3] IATA introduction ［EB/OL］. http://www. iata. org/about/Pages/index. aspx.

[4] International Air Transport Association. ICAO 38th Assembly-Montreal (24 Sept-4 Oct 2013)[EB/OL]. 2013-10. http://www. iata. org/publications/ceo-brief/oct-2013/Pages/icao-38-assembly. aspx.

[5] Peter Heindl,Benjamin Lutz. Carbon Management Evidence from Case Studies of German Firms under the EU ETS[R]. 2012-10.

[6] Philip Kotler,Nancy Lee. 企业的社会责任[M]. 北京：机械工业出版社,2006：35-46.

[7] Sonia Labatt,Rodney R. White. Carbon Finance：the financial implications of Climate Change[M]. New Jersey：John Wiley&Sons,INC. ,2007：11-22.

[8] TUVNORD 中国. CDP 2012 中国报告[R]. 2012：30. http://wenku. baidu. com/link? url＝5MR1zJOdnsRwkhS4OgEtnB_C2A4REJIlljKkQnXd5RGeMT kPSdqaFj0P_vay00p-zqzFM8kkQ_33ShvAvUHVytWrhPB6PQUEz33NQrph Jq.

[9] 曾刚,万志宏. 国际碳金融市场：现状、问题与前景[J]. 中国金融,2009,

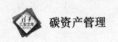
(24).

[10] 曾刚. 碳税和碳交易中国该选哪个[EB/OL]. 当代金融家. 2009-11-12. http://finance. sina. com. cn/leadership/mroll/20091112/19456959018. shtml.

[11] 陈一然. 欧盟电力企业碳资产管理分析[J]. 低碳世界,2013,(3):9-31.

[12] 陈轶星. 碳盘查的国际通行标准及在我国实施的现状[J]. 甘肃科技, 2012,(28):10-11.

[13] 邓明君,罗文兵,尹立娟. 国外碳中和理论研究与实践发展述评[J]. 资源科学,2013,35(5):1084-1094.

[14] 广东省深圳市人民政府. 深圳市碳排放权交易管理暂行办法[EB/OL]. 2014-04-02.

[15] 关于征求《碳排放权交易试点有关会计处理暂行规定(征求意见稿)》意见的函[EB/OL]. 中国财政部. 2016-09-23

[16] 国家扶持企业节能减排、技术改造的财税政策[EB/OL]. 2011-12-23. http://www. fjqz. gov. cn/czj/B5AFED90A5940EEC5F0CAB16F8CB0DA4/2011-12-23/7833D3374D54463C269E7E5F6086FE5C. htm.

[17] 国内碳市场行情与自愿减排项目开发进展[EB/OL]. 低碳工业网. 2014-10-23. http://www. tangongye. com/CarbonAsset/NewShow. aspx? id=7101.

[18] 郭伟. 全国碳市场建设进展及石化行业碳交易实践[J]. 中国石油和化工经济分析. 2016,(7):11-13.

[19] 洪芳柏. 企业碳资产管理展望[J]. 杭州化工,2012,(1):1.

[20] 湖北碳排放权交易中心. 网上开户指南[EB/OL]. http://www. hbets. cn/kfzlJypt/2945. htm. 2017-02-28.

[21] 环维易为. 中国碳市场研究报告 2017[R],26.

[22] 华能碳资产开发投资基金成立[EB/OL]. 华能集团公司. 2011-10-26. http://www. chng. com. cn/n31531/n31603/c639010/content. html.

[23] 华能碳资产开发投资基金成立暨签约仪式在京举行[EB/OL]. 中国电力企业联合会. 2011-11-14. http://www. cec. org. cn/zdlhuiyuandongtai/fadian/2011-11-14/74199. html.

[24] 建信——华能碳资产开发投资基金集合资金信托计划信托事务管理报告(第一期)[EB/OL]. 建信信托有限责任公司. 2012-12-14. http://www. ccb-trust. com. cn/templates/second/index. aspx? nodeid=15&page=ContentPage&.

contentid＝640.

[25] 蒋诗舟.碳资产＋金融产品首单"碳债券"能复制吗[N].经济日报,2014-05-14.

[26] 京都议定书[EB/OL].http://baike.baidu.com/view/41423.htm? fr＝Aladdin.

[27] 雷立钧.碳金融研究——国际经验与中国实践[M].经济科学出版社,2012:10.

[28] 李瑞林,何宇.中国第一个碳补偿标识发布[N].中国环境报,2008-12-26 (1).

[29] 李影梅.汇丰银行(HSBC)亚太区企业可持续发展总监区佩儿:"碳中和"的投资契机[EB/OL].21 世纪网.2011-5-10.www.21cbh.com/HTML/2011-5-10/0NMDAwMDIzNzM0NQ_2.html.

[30] 林鹏.碳资产管理——低碳时代航空公司的挑战与机遇[J].中国民用航空,2010,(116):22,23.

[31] 刘萍,陈欢.碳资产评估理论及实践初探[M].北京:中国财政经济出版社,2013:23,37.

[32] 刘璐,吕东泽.碳会计现状探究[J].合作经济与科技,2017,(8):155-156.

[33] 聂利彬,魏东.战略视角下企业碳资产管理[A].第六届(2011)中国管理学年会——组织与战略分会场论文集[C].2011.http://www.docin.com/p-465456479.html.

[34] 诺安资管携手华能集团发布全国首支碳排放金融产品[EB/OL].诺安基金管理有限公司.2014-11-26.http://www.lionfund.com.cn/info.do? Smunu＝dongtai&&contentid＝110959.

[35] 潘晓慧.气候变化"阴谋论"背后的阴谋[EB/OL].2013-11-26.http://dsj.voc.com.cn/article/201311/201311261709592671.html.

[36] 气候组织.中国企业碳战略制定指南[EB/OL].2011-06.http://wenku.baidu.com/view/103a4e0416fc700abb68fc02.html.

[37] 乔海曙,刘小丽.碳排放权的金融属性[J].理论探索,2011,(3):62.

[38] 裘晓东.碳标签,低碳时代的新符号[J].经济发展方式转变与自主创新——第十二届中国科学技术协会年会(第一卷),2010(11):2-4.

[39] 深圳碳交易考察团.学习借鉴 EU-ETS 经验与建设中国碳排放交易体系

[J].开放导报,2013,(3):50-63.

[40] 谭建生,麦永冠.再论碳债券[J].中国能源,2013,(5).

[41] 谭建生.发行碳债券:支撑低碳经济金融创新重大选择[N].经济参考报. 2009-12-24. http://business. sohu. com/20091224/n269177796. shtml.

[42] 碳基金课题组,国际碳基金研究[M].北京:化学工业出版社,2013:10, 14,24,37-39,57-63,77,99-106,108.

[43] 陶拴科.银行信贷采取环保一票否决制[N].西部时报,2013-08-13(3).

[44] 腾讯网.中美碳减排协议是美国人下的圈套吗[EB/OL].2014-11- 01. http://view. news. qq. com/original/intouchtoday/n2976. html.

[45] 王留之,宋阳.略论我国碳交易的金融创新及其风险防范[J].现代财经, 2009,(6):30-34.

[46] 王苏生,常凯.碳金融产品与机制创新[M].深圳:海天出版社,2014:33, 36-37.

[47] 王瑶.碳金融——全球视野与中国布局[M].北京:中国经济出版社, 2010:30.

[48] 王震,王宇.碳金融:碳减排良方还是金融陷阱.北京:石油工业出版社, 2010:3.

[49] 许凝青.关于碳排放权应确认为何种资产的思考[J].福建金融,2013, (8):42.

[50] 杨孟.我国建立碳税制度为时尚早[N].中国社会科学报,2014-06-04.

[51] 姚飞宇.各省市积极推进碳排放权交易电力行业需未雨绸缪[EB/OL].中 国电力网. 2013-10-10. http://www. chinapower. com. cn/newsarticle/1195/new11952 94. asp.

[52] 张春.国际航空业建立首个控排机制 [EB/OL].中外对话,2016-11-09.

[53] 张国.中国已将气候变化立法列入议事日程[N].中国青年报,2014-09- 16.

[54] 张露,郭晴.碳标签推广的国际实践:逻辑依据与核心要素[J].宏观经济 研究,2014,(8):133-143.

[55] 张鹏.碳资产的确认与计量研究[J].财会研究,2011,(5):40.

[56] 张巧良,张华.碳管理信息披露:低碳经济时代的挑战与价值再造[M]. 兰州:兰州大学出版社,2010:63-70.

［57］张晴.中国企业碳信息报告：政策促进重视度提升［EB-OL］.2014-10-21.http：//jingji.21cbh.com/2014/10-21/xOMDA2NTFfMTMyMzUxOA.html.

［58］张晓华，傅莎，祁悦.IPCC第五次评估第三工作组报告主要结论解读［EB/OL］.2014-07-02.http：//www.ncsc.org.cn/article/yxcg/zlyj/201404/20140400000866.shtml.

［59］张永.第一次世界气候大会和IPCC的诞生［N］.中国气象报，2009-08-27.http：//2011.cma.gov.cn/ztbd/qihoumeeting/beijing/200908/t20090827._43047.html.

［60］赵彩凤."碳减排"之争风波又起——解析国际航协通过碳中和决议严重违背公平公正原则［N］.中国民航报，2013-06-17(3).

［61］赵希.国际航空碳市场打上门了，中国是继续观望还是积极挺近？问题比想象得迫切［EB/OL］.南方能源观察，2017-03-20.

［62］郑爽.全国七省市碳交易试点调查与研究［M］.1版.北京：中国经济出版社，30.

［63］直播实录：IPCC第五次评估报告第二、三工作组报告宣讲会［EB/OL］.2014-05-09.http：//env.people.com.cn/n/2014/0509/c1010-24998558.html.

［64］中国期货业协会.期货法律法规汇编［M］.北京：中国财政经济出版社，2011：11,14-16,21,94-95,353,357-359,371.

［65］中国气象局.IPCC发布第五次评估报告的综合报告称气候变化可引起不可逆转的危险影响，但仍有限制办法［EB/OL］.2014-11-03.http：//www.cma.gov.cn/2011xwzx/2011xqxxw/2011xqxyw/201411/t20141103_265904.html.

［66］中国清洁发展机制基金管理中心.中国清洁发展机制基金2013年报［EB/OL］.http：//www.cdmfund.org/newsinfo.aspx？m＝20120912144529467324&n＝20140609105639133855.

［67］中国碳金融发展现状及前景探讨［OL］.http：//wenku.baidu.com/view/dab65b6fa45177232f60a2a1.html.

［68］中国证券监督管理委员会.期货交易所管理办法［EB/OL］.2007-04-09.http：//www.gov.cn/ziliao/flfg/2007-04/13/content_581639.htm.

［69］中国证券业协会.证券投资基金［M］.北京：中国财政经济出版社，2011：1,2,5-8,22-29.

［70］中华人民共和国国家发展改革委员会.《温室气体自愿减排交易管理暂

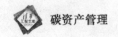
行办法》第十五条,第十七条,第二十一条[EB/OL]. 2012-06-13. http://cdm. ccchina. gov. cn/WebSite/CDM/UpFile/File2894. pdf.

[71] 中华人民共和国国务院新闻办公室. 国新办举行《中国应对气候变化规划(2014—2020 年)》有关情况新闻发布会[EB/OL]. 2014-09-19. http://www. scio. gov. cn/ztk/xwfb/2014/31573/31578/Document/1381407/1381407. htm.

[72] 中石化 2015 年绿色账单曝光,大量真实数据外泄[EB/OL]. 人民网,2016-03-07. http://energy. people. com. cn/n1/2016/0307/c71661-28178986. html.

[73] 中研网. 预测 2014 年全球碳排放量将达 400 亿吨[EB/OL]. 2014-09-23. http://www. chinairn. com/print/3913652. html.

[74] 周慧,刘棉. 湖北发布全国首支 3 000 万碳基金 引导排放大户参与市场[EB/OL]. 水晶碳投,2014-11-26. http://mp. weixin. qq. com/s? __biz＝MzA3ODA2 NDYwOA＝＝&mid＝201735390&idx＝1&sn＝7c5c4aefad53 886e3b96e618ead1a7b0 &scene＝1&from＝singlemessage&isappinstalled＝0♯rd.

附录 A 《排放权交易管理暂行办法》

第一章 总 则

第一条 为推进生态文明建设，加快经济发展方式转变，促进体制机制创新，充分发挥市场在温室气体排放资源配置中的决定性作用，加强对温室气体排放的控制和管理，规范碳排放权交易市场的建设和运行，制定本办法。

第二条 在中华人民共和国境内，对碳排放权交易活动的监督和管理，适用本办法。

第三条 本办法所称碳排放权交易，是指交易主体按照本办法开展的排放配额和国家核证自愿减排量的交易活动。

第四条 碳排放权交易坚持政府引导与市场运作相结合，遵循公

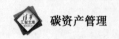

开、公平、公正和诚信原则。

第五条　国家发展改革委员会是碳排放权交易的国务院碳交易主管部门（以下称国务院碳交易主管部门），依据本办法负责碳排放权交易市场的建设，并对其运行进行管理、监督和指导。

各省、自治区、直辖市发展和改革委员会是碳排放权交易的省级碳交易主管部门（以下称省级碳交易主管部门），依据本办法对本行政区域内的碳排放权交易相关活动进行管理、监督和指导。

其他各有关部门应按照各自职责，协同做好与碳排放权交易相关的管理工作。

第六条　国务院碳交易主管部门应适时公布碳排放权交易纳入的温室气体种类、行业范围和重点排放单位确定标准。

第二章　配 额 管 理

第七条　省级碳交易主管部门应根据国务院碳交易主管部门公布的重点排放单位确定标准，提出本行政区域内所有符合标准的重点排放单位名单并报国务院碳交易主管部门，国务院碳交易主管部门确认后向社会公布。

经国务院碳交易主管部门批准，省级碳交易主管部门可适当扩大碳排放权交易的行业覆盖范围，增加纳入碳排放权交易的重点排放单位。

第八条　国务院碳交易主管部门根据国家控制温室气体排放目标的要求，综合考虑国家和各省、自治区和直辖市温室气体排放、经济增长、产业结构、能源结构，以及重点排放单位纳入情况等因素，确定国家以及各省、自治区和直辖市的排放配额总量。

第九条　排放配额分配在初期以免费分配为主，适时引入有偿分配，并逐步提高有偿分配的比例。

第十条　国务院碳交易主管部门制订国家配额分配方案，明确各省、自治区、直辖市免费分配的排放配额数量、国家预留的排放配额数量等。

　　第十一条　国务院碳交易主管部门在排放配额总量中预留一定数量,用于有偿分配、市场调节、重大建设项目等。有偿分配所取得的收益,用于促进国家减碳以及相关的能力建设。

　　第十二条　国务院碳交易主管部门根据不同行业的具体情况,参考相关行业主管部门的意见,确定统一的配额免费分配方法和标准。

　　各省、自治区、直辖市结合本地实际,可制定并执行比全国统一的配额免费分配方法和标准更加严格的分配方法和标准。

　　第十三条　省级碳交易主管部门依据第十二条确定的配额免费分配方法和标准,提出本行政区域内重点排放单位的免费分配配额数量,报国务院碳交易主管部门确定后,向本行政区域内的重点排放单位免费分配排放配额。

　　第十四条　各省、自治区和直辖市的排放配额总量中,扣除向本行政区域内重点排放单位免费分配的配额量后剩余的配额,由省级碳交易主管部门用于有偿分配。有偿分配所取得的收益,用于促进地方减碳以及相关的能力建设。

　　第十五条　重点排放单位关闭、停产、合并、分立或者产能发生重大变化的,省级碳交易主管部门可根据实际情况,对其已获得的免费配额进行调整。

　　第十六条　国务院碳交易主管部门负责建立和管理碳排放权交易注册登记系统(以下称注册登记系统),用于记录排放配额的持有、转移、清缴、注销等相关信息。注册登记系统中的信息是判断排放配额归属的最终依据。

　　第十七条　注册登记系统为国务院碳交易主管部门和省级碳交易主管部门、重点排放单位、交易机构和其他市场参与方等设立具有不同功能的账户。参与方根据国务院碳交易主管部门的相应要求开立账户后,可在注册登记系统中进行配额管理的相关业务操作。

第三章　排　放　交　易

第十八条　碳排放权交易市场初期的交易产品为排放配额和国家核证自愿减排量，适时增加其他交易产品。

第十九条　重点排放单位及符合交易规则规定的机构和个人（以下称交易主体），均可参与碳排放权交易。

第二十条　国务院碳交易主管部门负责确定碳排放权交易机构并对其业务实施监督。具体交易规则由交易机构负责制定，并报国务院碳交易主管部门备案。

第二十一条　第十八条规定的交易产品的交易原则上应在国务院碳交易主管部门确定的交易机构内进行。

第二十二条　出于公益等目的，交易主体可自愿注销其所持有的排放配额和国家核证自愿减排量。

第二十三条　国务院碳交易主管部门负责建立碳排放权交易市场调节机制，维护市场稳定。

第二十四条　国家确定的交易机构的交易系统应与注册登记系统连接，实现数据交换，确保交易信息能及时反映到注册登记系统中。

第四章　核查与配额清缴

第二十五条　重点排放单位应按照国家标准或国务院碳交易主管部门公布的企业温室气体排放核算与报告指南的要求，制订排放监测计划并报所在省、自治区、直辖市的省级碳交易主管部门备案。

重点排放单位应严格按照经备案的监测计划实施监测活动。监测计划发生重大变更的，应及时向所在省、自治区、直辖市的省级碳交易主管部门提交变更申请。

第二十六条　重点排放单位应根据国家标准或国务院碳交易主管

部门公布的企业温室气体排放核算与报告指南,以及经备案的排放监测计划,每年编制其上一年度的温室气体排放报告,由审核机构进行核查并出具核查报告后,在规定时间内向所在省、自治区、直辖市的省级碳交易主管部门提交排放报告和核查报告。

第二十七条　国务院碳交易主管部门会同有关部门,对审核机构进行管理。

第二十八条　审核机构应按照国务院碳交易主管部门公布的核查指南开展碳排放核查工作。重点排放单位对核查结果有异议的,可向省级碳交易主管部门提出申诉。

第二十九条　省级碳交易主管部门应当对以下重点排放单位的排放报告与核查报告进行复查,复查的相关费用由同级财政予以安排:

(一)国务院碳交易主管部门要求复查的重点排放单位;

(二)核查报告显示排放情况存在问题的重点排放单位;

(三)除(一)、(二)规定以外一定比例的重点排放单位。

第三十条　省级碳交易主管部门应每年对其行政区域内所有重点排放单位上年度的排放量予以确认,并将确认结果通知重点排放单位。经确认的排放量是重点排放单位履行配额清缴义务的依据。

第三十一条　重点排放单位每年应向所在省、自治区、直辖市的省级碳交易主管部门提交不少于其上年度经确认排放量的排放配额,履行上年度的配额清缴义务。

第三十二条　重点排放单位可按照有关规定,使用国家核证自愿减排量抵消其部分经确认的碳排放量。

第三十三条　省级碳交易主管部门每年应对其行政区域内重点排放单位上年度的配额清缴情况进行分析,并将配额清缴情况上报国务院碳交易主管部门。国务院碳交易主管部门应向社会公布所有重点排放单位上年度的配额清缴情况。

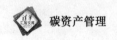

第五章　监　督　管　理

第三十四条　国务院碳交易主管部门应及时向社会公布如下信息：纳入温室气体种类，纳入行业，纳入重点排放单位名单，排放配额分配方法，排放配额使用、存储和注销规则，各年度重点排放单位的配额清缴情况，推荐的审核机构名单，经确定的交易机构名单等。

第三十五条　交易机构应建立交易信息披露制度，公布交易行情、成交量、成交金额等交易信息，并及时披露可能影响市场重大变动的相关信息。

第三十六条　国务院碳交易主管部门对省级碳交易主管部门业务工作进行指导，并对下列活动进行监督和管理：

（一）审核机构的相关业务情况；

（二）交易机构的相关业务情况。

第三十七条　省级碳交易主管部门对碳排放权交易进行监督和管理的范围包括：

（一）辖区内重点排放单位的排放报告、核查报告报送情况；

（二）辖区内重点排放单位的配额清缴情况；

（三）辖区内重点排放单位和其他市场参与者的交易情况。

第三十八条　国务院碳交易主管部门和省级碳交易主管部门应建立重点排放单位、审核机构、交易机构和其他从业单位与人员参加碳排放交易的相关行为信用记录，并纳入相关的信用管理体系。

第三十九条　对于严重违法失信的碳排放权交易的参与机构和人员，国务院碳交易主管部门建立"黑名单"并依法予以曝光。

第六章　法　律　责　任

第四十条　重点排放单位有下列行为之一的，由所在省、自治区、直辖市的省级碳交易主管部门责令限期改正,逾期未改的,依法给予行政处罚。

（一）虚报、瞒报或者拒绝履行排放报告义务；

（二）不按规定提交核查报告。

逾期仍未改正的,由省级碳交易主管部门指派审核机构测算其排放量,并将该排放量作为其履行配额清缴义务的依据。

第四十一条　重点排放单位未按时履行配额清缴义务的,由所在省、自治区、直辖市的省级碳交易主管部门责令其履行配额清缴义务；逾期仍不履行配额清缴义务的,由所在省、自治区、直辖市的省级碳交易主管部门依法给予行政处罚。

第四十二条　审核机构有下列情形之一的,由其注册所在省、自治区、直辖市的省级碳交易主管部门依法给予行政处罚,并上报国务院碳交易主管部门；情节严重的,由国务院碳交易主管部门责令其暂停核查业务；给重点排放单位造成经济损失的,依法承担赔偿责任；构成犯罪的,依法追究刑事责任。

（一）出具虚假、不实核查报告；

（二）核查报告存在重大错误；

（三）未经许可擅自使用或者公布被核查单位的商业秘密；

（四）其他违法违规行为。

第四十三条　交易机构及其工作人员有下列情形之一的,由国务院碳交易主管部门责令限期改正；逾期未改正的,依法给予行政处罚；给交易主体造成经济损失的,依法承担赔偿责任；构成犯罪的,依法追究刑事责任。

（一）未按照规定公布交易信息；

（二）未建立并执行风险管理制度；

（三）未按照规定向国务院碳交易主管部门报送有关信息；

（四）开展违规的交易业务；

（五）泄露交易主体的商业秘密；

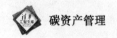

（六）其他违法违规行为。

第四十四条 对违反本办法第四十条至第四十一条规定而被处罚的重点排放单位,省级碳交易主管部门应向工商、税务、金融等部门通报有关情况,并予以公告。

第四十五条 国务院碳交易主管部门和省级碳交易主管部门及其工作人员,未履行本办法规定的职责,玩忽职守、滥用职权、利用职务便利牟取不正当利益或者泄露所知悉的有关单位和个人的商业秘密的,由其上级行政机关或者监察机关责令改正;情节严重的,依法给予行政处罚;构成犯罪的,依法追究刑事责任。

第四十六条 碳排放权交易各参与方在参与本办法规定的事务过程中,以不正当手段谋取利益并给他人造成经济损失的,依法承担赔偿责任;构成犯罪的,依法追究刑事责任。

第七章　附　则

第四十七条 本办法中下列用语的含义:

温室气体:是指大气中吸收和重新放出红外辐射的自然和人为的气态成分,包括二氧化碳（CO_2）、甲烷（CH_4）、氧化亚氮（N_2O）、氢氟碳化物（HFCs）、全氟化碳（PFCs）、六氟化硫（SF_6）和三氟化氮（NF_3）。

碳排放:是指煤炭、天然气、石油等化石能源燃烧活动和工业生产过程以及土地利用、土地利用变化与林业活动产生的温室气体排放,以及因使用外购的电力和热力等所导致的温室气体排放。

碳排放权:是指依法取得的向大气排放温室气体的权利。

排放配额:是政府分配给重点排放单位指定时期内的碳排放额度,是碳排放权的凭证和载体。1单位配额相当于1吨二氧化碳当量。

重点排放单位:是指满足国务院碳交易主管部门确定的纳入碳排放权交易标准且具有独立法人资格的温室气体排放单位。

国家核证自愿减排量:是指依据国家发展改革委员会发布施行的

《温室气体自愿减排交易管理暂行办法》的规定,经其备案并在国家注册登记系统中登记的温室气体自愿减排量,简称CCER。

第四十八条 本办法自公布之日起30日后施行。

附录B 试点省市法律法规相关文件

试点省市	发布时间	文件名称	发布机构
深圳	2012年10月30日	《深圳经济特区碳排放管理若干规定》	深圳市人大常委会
	2012年11月6日	《组织的温室气体排放量化和报告规范及指南》	深圳市市场监督管理局
	2012年11月7日	《组织的温室气体排放核查规范及指南》	深圳市市场监督管理局
	2013年5月21日	《深圳市碳排放权交易试点工作实施方案》	深圳市政府
	2013年6月8日	《深圳排放权交易所现货交易规则》	深圳排放权交易所
	2014年3月31日	《深圳排碳排放权交易暂行办法》	深圳市人民政府
上海	2012年7月2日	《上海市人民政府关于本市开展碳排放交易试点工作的实施意见》	上海市人民政府
	2012年12月11日	《上海市温室气体排放核算与报告指南(试行)》	上海市发展和改革委员会
	2013年11月20日	《上海市2013—2015年碳排放配额分配和管理方案》	

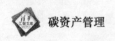
续表

试点省市	发 布 时 间	文 件 名 称	发 布 机 构
上海	2013 年 11 月 20 日	《上海市碳排放管理试行办法》	上海市市长令
	2013 年 11 月	《上海环境能源交易所碳排放违规违约处理办法(试行)》	上海环境能源交易所
	2013 年 11 月	《上海环境能源交易所碳排放交易规则》	
	2013 年 11 月	《上海环境能源交易所碳排放风险控制管理办法(试行)》	
	2014 年 3 月 12 日	《上海市碳排放核查工作规则(试行)》	上海市发展和改革委员会
北京	2013 年 11 月	《北京市温室气体排放报告报送程序》	北京市发展和改革委员会
	2013 年 11 月	《北京市碳排放权注册登记系统操作指南》	
	2013 年 11 月	《北京市碳排放权交易试点配额核定方法(试行)》	
	2013 年 11 月	《北京市碳排放权交易审核机构管理办法(试行)》	
	2013 年 11 月	《北京市企业(单位)二氧化碳核算和报告指南（2013 版)》	
	2013 年 11 月	《北京环境交易所碳排放权交易规则配套细则(试行)》	北京环境交易所
	2013 年 12 月 30 日	《关于北京市在严格控制碳排放总量前提下开展碳排放权交易试点工作的决定》	市人大常委会
	2014 年 5 月 28 日	《北京市碳排放权交易管理办法(试行)》	北京市人民政府

试点省市	发布时间	文件名称	发布机构
北京	2014年9月1日	《北京市碳排放权抵消管理办法(试行)》	北京市发展和改革委员会
	2015年12月16日	《关于调整〈北京市碳排放权交易管理办法(试行)〉重点排放单位范围的通知》	北京市人民政府
	2016年11月23日	《北京市碳排放配额场外交易实施细则》	北京市发展和改革委员会和北京市金融工作局
广州	2014年1月15日	《广东省碳排放管理试行办法》	广东省人民政府令
	2012年9月7日	《广东省碳排放权交易试点工作实施方案》	广东省人民政府
	2013年11月25日	《广东省碳排放配额首次分配及工作方案(试行)》	广东省发展改革委
	2013年12月	《2013年度广东省碳排放配额核算方法》	
	2013年12月	《广州碳排放权交易所(中心)碳排放权交易规则》	广州碳排放权交易所
	2014年3月	《广东省企业碳排放核查规范(试行)》	广东省发展改革委
	2014年3月	《广东省碳排放配额管理实施细则(试行)》	
	2014年8月18日	《广东省2014年度碳排放配额分配实施方案》	广东省人民政府
	2015年2月26日	《广东省发展改革委关于碳排放配额管理的实施细则》	广东省发展改革委

续表

试点省市	发布时间	文件名称	发布机构
广州	2015 年 2 月 26 日	《广东省发展改革委关于企业碳排放信息报告与核查的实施细则》	广东省发展改革委
	2015 年 8 月	《广东省 2015 年度碳排放配额分配实施方案》	广东省发展改革委
	2016 年 7 月	《广东省 2016 年度碳排放配额分配实施方案》	广东省发展改革委
	2017 年 2 月	《广东省发展改革委印发广东省企业（单位）碳排放信息报告指南和企业碳排放核查规范(2017 年修订)》	广东省发展改革委
天津	2013 年 2 月	《天津市碳排放权交易试点工作实施方案》	天津市市政府办公厅
	2013 年 12 月 20 日	《天津市碳排放权交易管理暂行办法》	
	2013 年 12 月 24 日	《关于开展碳排放权交易试点工作的通知》	天津市发展改革委
	2013 年 12 月	《天津市企业碳排放报告编制指南(试行)》	
	2013 年 12 月	《天津市碳排放权交易试点纳入企业碳排放配额分配方案（试行）》	
	2013 年 12 月	《天津市碳排放配额登记注册系统操作指南(试行)》	
	2013 年 12 月	《天津市电力热力行业碳排放核算指南(试行)》	
	2013 年 12 月	《天津市钢铁行业碳排放核算指南(试行)》	

试点省市	发布时间	文件名称	发布机构
天津	2013 年 12 月	《天津市炼油和乙烯行业碳排放核算指南(试行)》	
	2013 年 12 月	《天津市化工行业碳排放核算指南(试行)》	
	2013 年 12 月	《天津市其他行业碳排放核算指南(试行)》	
	2013 年 12 月	《天津排放权交易所会员管理办法(试行)》	天津排放权交易所
	2013 年 12 月	《天津排放权交易所碳排放权交易风险控制管理办法(试行)》	
	2013 年 12 月	《天津排放权交易所碳排放权交易规则(试行)》	
	2016 年 3 月	《天津市碳排放权交易管理暂行办法》	天津市人民政府
湖北	2013 年 2 月	《湖北省碳排放权交易试点工作实施方案》	湖北省省政府
	2014 年 3 月	《湖北省碳排放权管理和交易暂行办法》	
	2014 年 3 月	《湖北碳排放权交易中心碳排放权交易规则》	湖北省碳排放权交易中心
	2014 年 5 月 22 日	《湖北省碳排放配额分配方案》	湖北省发展和改革委员会
	2015 年 1 月	《湖北省工业企业温室气体排放监测、量化和报告指南(试行)》	
	2015 年 4 月	《省发改委关于 2015 年湖北省碳排放权抵消机制有关事项的通知》	

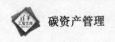

续表

试点省市	发布时间	文件名称	发布机构
湖北	2015年9月	《湖北省碳排放配额投放和回购管理办法(试行)》	湖北省发展和改革委员会和省财政厅
	2015年11月	《湖北省2015年碳排放权配额分配方案》	
	2015年12月	《湖北省碳排放权出让金收支管理暂行办法》	
	2016年7月	《省发改委关于2016年湖北省碳排放权抵消机制有关事项的通知》	湖北省发展和改革委员会
	2017年1月	《省发改委关于印发湖北省2016年碳排放权配额分配方案的通知》	湖北省发展和改革委员会
	2017年6月	《省发改委关于2017年湖北省碳排放权抵消机制有关事项的通知》	湖北省发展和改革委员会
重庆	2014年4月23日	《关于碳排放管理有关事项的决定(征求意见稿)》	重庆市政府
	2014年4月29日	《重庆市碳排放权交易管理暂行办法》	
	2014年5月28日	《重庆市碳排放配额管理细则》	
	2014年5月28日	《重庆市2013年度碳排放配额的通知》	重庆市发展和改革委员会
	2014年5月28日	《重庆市工业企业碳排放核算报告和核查细则》	
	2014年6月3日	《重庆联合产权交易所碳排放交易细则(试行)》	重庆联合产权交易所
	2014年6月5日	《重庆联合产权交易所碳排放风险管理办法(试行)》	

试点省市	发 布 时 间	文 件 名 称	发 布 机 构
重庆	2014 年 6 月 5 日	《重庆联合产权交易所碳排放信息管理办法(试行)》	
	2014 年 6 月 5 日	《重庆联合产权交易所碳排放结算管理办法(试行)》	
福建	2016 年 9 月	《福建省碳排放权交易市场建设实施方案》	福建省人民政府
	2016 年 9 月	《福建省碳排放权交易管理暂行办法》	福建省人民政府
	2016 年 11 月	《福建省碳排放交易市场调节实施细则(试行)》	福建省发改委
	2016 年 12 月	《福建省碳排放权抵消管理办法(试行)》	福建省发改委
	2016 年 12 月	《福建省碳排放权交易市场信用信息管理实施细则(试行)》	福建省发改委
	2016 年 12 月	《福建省 2016 年度碳排放配额分配实施方案》	福建省发改委
	2016 年 12 月	《福建省重点企(事)业单位温室气体排放报告管理办法(试行)》	福建省发改委和省统计局
	2016 年 12 月	《福建省碳排放权交易第三方核查机构管理办法(试行)》	福建省发改委和省质量技术监督局
	2016 年 12 月	《福建省碳排放配额管理实施细则(试行)》	福建省发改委
	2017 年 5 月	《福建省林业碳汇交易试点方案》	福建省人民政府

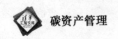

附录 C 七试点碳排放配额分配方案

（一）湖北

根据《湖北省碳排放配额分配方案》碳排放配额总量包括年度初始配额、新增预留配额和政府预留配额。计算方法如下：

（1）年度初始配额＝2010 年纳入企业碳排放总量×97％

（2）新增预留配额＝碳排放配额总量－（年度初始配额＋政府预留配额）

（3）政府预留配额＝碳排放配额总量×8％

湖北省 2013 年配额发放总量为 3.24 亿吨二氧化碳，政府预留配额为总量的 8％，即 2 592 万吨，考虑到市场价格发现等因素，政府预留配额的 30％用于公开竞价。竞价收益用于市场调节、支持企业减排和碳交易市场能力建设等。

企业配额分配方法

配额以免费分配为主，采用历史法与标杆法相结合的方法，实行事前分配与事后调节相结合的方式。电力行业之外的工业企业的配额采用历史法计算。计算公式为

（1）企业年度初始配额＝历史排放基数×总量调整系数

（2）电力企业的配额＝预分配配额＋事后调节配额

（3）预分配配额＝（历史排放基数×总量调整系数）×50％

事后调节配额分为增发配额和收缴配额。企业年度实际发电量超出或低于基准年平均发电量 50％的，向企业增发或收缴配额。其中：

增发配额＝超出的发电量×标杆值

收缴配额＝低于的发电量×企业当年单位发电量碳排放量

企业产量变化的配额变更

企业因增减设施、合并、分立及产量变化等因素导致碳排放量与年度碳排放初始配额相差 20％以上或者 20 万吨二氧化碳以上的，应当向主管部门报告。主管部门应当对其碳排放配额进行重新核定。根据重新核定结果，对企业当年碳排放量与企业年度初始配额的差额超过企业年度初始配额的 20％或 20 万吨以上的部分予以追加或收缴。

（1）企业当年碳排放量与企业年度初始配额的差额超过企业年度初始配额的 20％

追加配额＝企业当年碳排放量－企业年度初始配额 ×（1＋20％）

收缴配额＝企业年度初始配额 ×（1－20％）－ 企业当年碳排放量

（2）企业当年碳排放量与企业年度初始配额的差额超过 20 万吨

追加配额＝企业当年碳排放量－企业年度初始配额－20 万吨

收缴配额＝企业年度初始配额－企业当年碳排放量－20 万吨

企业配额的发放

年度初始配额通过注册登记系统一次性发放给企业；次年履约期前，在完成企业碳排放核查后，核定并发放企业新增配额。企业对碳排放配额分配有异议的，有权向主管部门申请复查。

（二）深圳

根据《深圳市碳排放权交易管理暂行办法》配额分配采取无偿分配和有偿分配两种方式进行。无偿分配的配额包括预分配配额、新进入者储备配额和调整分配的配额，采取无偿分配方式的配额不得低于配额总量的 90％。有偿分配的配额可以采用拍卖或者固定价格的方式出售，采取拍卖方式出售的配额数量不得高于当年度配额总量的 3％（见图 B-1）。

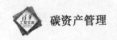

图 B-1　配额分配种类及配额数量

配 额 种 类	配 额 数 量	相 关 要 求
预分配配额	不得超过当年度的配额总数量	根据管控单位预期碳排放数据发放的配额
调整分配的配额	追加配额的总数量不得超过当年度扣减的配额总数量	根据实际碳排放数据确定签发配额,对照预分配配额需要调整的配额
新进入者储备配额	年度配额总量的2%	预计年排放量3 000吨二氧化碳的新建项目配额
拍卖的配额	年度配额总量的3%	市政府可以逐步提高配额拍卖的比例,管控单位和碳排放权交易市场的投资者可以参加配额拍卖
价格平抑储备配额	预留的配额为年度配额总量的2% 回购的配额数量不得高于当年度有效配额数量的10%	价格平抑储备配额应当以固定价格出售,只能用于履约,不能用于市场交易

数据来源:《深圳市碳排放权交易管理暂行办法》。

企业配额分配方法

管控单位为电力、燃气、供水企业的,其年度目标碳强度和预分配配额应当结合企业所处行业基准碳排放强度和期望产量等因素确定。

管控单位为前款规定以外其他企业的,其年度目标碳强度和预分配配额应当结合企业历史排放量、在其所处行业中的排放水平、未来减排承诺和行业内其他企业减排承诺等因素,采取同一行业内企业竞争性博弈方式确定。

建筑碳排放配额的无偿分配按照建筑功能、建筑面积及建筑能耗限额标准或者碳排放限额标准予以确定。

管控单位的实际配额数量按照下列公式计算:

属于单一产品行业的:实际配额=本单位上一年度生产总量×
上一年度目标碳强度;

属于其他工业行业的:实际配额=本单位上一年度实际工业增
加值×上一年度目标碳强度

建筑碳排放配额的无偿分配按照建筑功能、建筑面积及建筑能耗限额标准或者碳排放限额标准予以确定。(配额=建筑面积×此类型建筑物能耗限额值)

企业配额管理

管控单位与其他单位合并的,其配额及相应的权利义务由合并后存续的单位或者新设立的单位承担。

管控单位分立的,应当在分立时制定合理的配额和履约义务分割方案,并在做出分立决议之日起十五个工作日内报主管部门备案。未制订分割方案或者未按时报主管部门备案的,原管控单位的履约义务由分立后的单位共同承担。

管控单位迁出本市行政区域或者出现解散、破产等情形时,应当在办理迁移、解散或者破产手续之前完成碳排放量化、报告与核查,并提交与未完成的履约义务相等的配额。管控单位提交的配额数量少于未完成的履约义务的应当补足;预分配配额超出完成的履约义务部分的50%由主管部门予以收回,剩余配额由管控单位自行处理。

碳排放权交易的履约期为每个自然年。上一年度的配额可以结转至后续年度使用。后续年度签发的配额不能用于履行前一年度的配额履约义务。

(三)上海

根据《上海市 2013—2015 年碳排放配额分配和管理方案》,碳排放配额计算采取历史排放法和基准线法开展 2013—2015 年碳排放配额分配,一次性发放 2013—2015 年各年度配额。试点企业在获得各年度碳

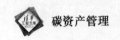

排放配额后,即可通过本市碳交易平台进行交易。试点企业持有的未来各年度的配额不得低于其通过分配取得的对应年度配额量的50%。

企业配额分配方法

对于工业(除电力行业外)、商场、宾馆、商务办公建筑,采用历史排放法;对于电力、航空、港口、机场等行业,采用基准线法。

1. 工业行业

钢铁、石化、化工、有色、建材、纺织、造纸、橡胶、化纤等行业采用历史排放法。综合考虑企业的历史排放基数、先期减排行动和新增项目等因素,确定企业年度碳排放配额。计算公式为

$$企业年度碳排放配额 = 历史排放基数 + 先期减排配额 +$$
$$新增项目配额$$

2. 商场、宾馆、商务办公建筑及铁路站点

采用历史排放法,综合考虑企业的历史排放基数和先期减排行动等因素,确定企业年度碳排放配额。计算公式为

$$企业年度碳排放配额 = 历史排放基数 + 先期减排配额$$

(历史排放基数及先期减排配额的确定方法同工业行业。试点企业2013—2015年期间的新建建筑暂不纳入其配额边界。)

3. 电力行业

本市公用电厂采用基准线法,综合考虑电力企业不同类型发电机组的年度单位综合发电量碳排放基准、年度综合发电量及负荷率修正系数等因素,确定企业年度碳排放配额。计算公式为

$$企业年度碳排放配额 = 年度单位综合发电量碳排放基准 \times$$
$$年度综合发电量 \times 负荷率修正系数$$

4. 航空、机场

采用基准线法,综合考虑企业年度单位业务量碳排放基准、年度业务量及先期减排行动等因素,确定企业年度碳排放配额。计算公式为

$$企业年度碳排放配额 = 年度单位业务量碳排放基准 \times$$
$$年度业务量 + 先期减排配额$$

5. 港口

采用基准线法,综合考虑企业年度单位吞吐量碳排放基准、年度吞吐量及先期减排行动等因素,确定企业年度碳排放配额。计算公式为

$$企业年度碳排放配额＝年度单位吞吐量碳排放基准×$$
$$年度吞吐量＋先期减排配额$$

企业配额管理

1. 企业合并

试点企业之间合并的,由合并后存续或新设的单位承继配额,并履行配额清缴义务。合并后的配额边界包括试点企业在合并前各自的配额边界。

试点企业和非试点企业合并的,由合并后存续或新设的单位承继配额,并履行配额清缴义务。合并后的配额边界为合并前试点企业的配额边界。

2. 企业分立

试点企业分立的,应当在分立前依据排放设施的归属制订合理的配额分拆方案,明确分立后各企业的配额边界及配额量,并报送市发展改革委。分立后的企业应履行各自的配额清缴义务。

3. 企业关停或搬迁

试点企业解散、注销或迁出本市的,应及时报告市发展改革委,并按照经审定后的当年排放量完成配额清缴。同时,由市发展改革委收回该企业已无偿取得的此后年度配额的50%。

试点企业排放边界内主要生产设施连续停止生产六个月以上或迁出本市的,可按照企业解散、注销或迁出本市的情况处理。

试点企业发生上述情形的,应及时通过本市配额登记注册系统办理相关变更手续。

4. 新增项目配额申请和发放有关规定

工业行业试点企业在本市行政区域内投资建设、年综合能耗达到

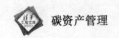

2 000 吨标准煤及以上、符合本市有关固定资产投资项目管理要求,并于
2013—2015 年期间开始试生产或正式生产的项目,可申请新增项目配
额。

新增项目配额根据项目全年基础配额、生产负荷率及生产时间计
算,包括试生产阶段配额、正式生产阶段配额和后续年度配额。

试生产阶段配额、正式生产阶段配额和后续年度配额计算公式分别
如下:

试生产阶段配额＝全年基础配额×试生产阶段生产负荷率×

(当年试生产月数/12)

正式生产阶段配额＝全年基础配额×正式生产阶段生产负荷率×

(当年正式生产月数/12)

后续年度配额＝全年基础配额×年度生产负荷率

(四) 北京

根据《北京市碳排放权交易试点配额核定方法(试行)》,碳排放配
额分配以免费分配为主,配额分配总量包括既有设施配额、新增设施配
额、配额调整量三部分。配额分配方法以历史法和基准线法为基础,
采用一定的配额调整系数(控排系数)体现行业水平的差别,同时对
先期减排行动可以给予总量 2% 以内的配额奖励。既有设施的配额
分配均采用历史法,新增设施的配额分配采用行业先进值法。计算
公式为

$$T=A+N+\Delta$$

式中,T 为企业(单位)年度二氧化碳排放配额总量,单位为吨二氧化碳
($t-CO_2$);A 为企业(单位)既有设施二氧化碳排放配额,单位为吨二氧
化碳($t-CO_2$);N 为企业(单位)新增设施二氧化碳排放配额,单位为吨
二氧化碳($t-CO_2$);Δ 为企业(单位)配额调整量,单位为吨二氧化碳
($t-CO_2$)。

A：企业（单位）既有设施二氧化碳排放配额核定方法

1. 基于历史排放总量的配额核定方法

本方法适用于 2013 年 1 月 1 日之前投运的制造业、其他工业和服务业企业（单位）。配额核定公式如下：

$$A = E \times f$$

式中，A 为企业（单位）既有设施二氧化碳排放配额，单位为吨二氧化碳（t－CO₂）；E 为企业（单位）2009 年、2010 年、2011 年、2012 年二氧化碳排放总量平均值，单位为吨二氧化碳（t－CO₂）；f 为控排系数。

2. 基于历史排放强度的配额核定方法

本方法适用于供热企业（单位）和火力发电企业在 2013 年 1 月 1 日之前已投入运行的排放设施（机组）。配额核定公式如下：

$$A = (P_电 \times I_电 + P_热 \times I_热) \times f$$

式中，A 为企业排放设施的二氧化碳排放配额，单位为吨二氧化碳（t－CO₂）；$P_电$ 为核定年份设施的供电量，单位为兆瓦时（MWh）；$P_热$ 为核定年份设施的供热量，单位为吉焦（GJ），若相关单位不能提供经过第三方核查的供热量计量数据，则由市主管部门按照北京市不同燃料供热设施的效率情况进行核定；$I_电$ 为 2009 年、2010 年、2011 年、2012 年设施供电二氧化碳排放强度的平均值，单位为吨二氧化碳每兆瓦时（t－CO₂/MWh）；$I_热$ 为 2009 年、2010 年、2011 年、2012 年设施供热二氧化碳排放强度的平均值，单位为吨二氧化碳每吉焦（t－CO₂/GJ）；f 为控排系数。

N：企业（单位）新增设施二氧化碳排放配额核定方法

新增设施二氧化碳排放配额按所属行业的二氧化碳排放强度先进值进行核定。新增设施二氧化碳排放配额核定公式如下：

$$N = Q \cdot B$$

式中，N 为新增设施二氧化碳排放配额，单位为吨二氧化碳（t－CO₂）；Q 为新增设施二氧化碳排放对应的活动水平，包括主要产品的产量/产值/建筑面积等；B 为新增设施二氧化碳排放所属行业的二氧化碳排放强度先进值，取值另行公布。

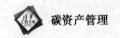

已按照本办法完成了配额核定的重点排放单位,如果提出了配额变更申请,市主管部门对有关情况进行核实,确有必要的,在次年履约期前参考第三方审核机构的审定结论,对排放配额进行相应调整,多退少补。

(五)广东

根据《广东省 2014 年度碳排放配额分配实施方案》,碳排放配额分配实行部分免费发放和部分有偿发放,其中,电力企业的免费配额比例为 95%,钢铁、石化和水泥企业的免费配额比例为 97%。配额有偿发放以竞价形式发放,企业可自主决定是否购买。

2014 年度企业配额分配主要采用基准线法和历史排放法。2014 年配额分配方法调整确定如下。

1. 基准线法

电力行业的燃煤燃气纯发电机组、水泥行业的普通水泥熟料生产和粉磨、钢铁行业长流程企业使用基准线法分配配额,先按 2013 年实际产量计算并发放预配额,再按 2014 年生产情况对产量进行修正后核定2014 年度配额,并对预发配额多退少补。计算公式为

1)控排企业
$$预发配额 = 2013 年实际产量 \times 基准值 \times 年度下降系数$$
$$核定配额 = 预发配额 \times 产量修正因子$$

2)新建项目企业
$$配额 = 设计产能 \times 基准值$$

2. 历史排放法

电力行业的热电联产机组、资源综合利用发电机组(使用煤矸石、油页岩等燃料)、水泥行业的矿山开采、微粉粉磨和特种水泥(白水泥等)生产、钢铁行业短流程企业以及石化行业企业使用历史排放法分配配额。计算公式为

1）控排企业

配额＝历史平均碳排放量×年度下降系数＋工艺流程配额

注：工艺流程配额仅针对石化行业企业用于油品升级的配额。

2）新建项目企业

配额＝预计年综合能源消费量×碳排放折算系数

（六）重庆

根据《重庆市碳排放配额管理细则（试行）》，重庆对配额实行总量控制。以配额管理单位既有产能 2008—2012 年最高年度排放量之和作为基准配额总量，2015 年前，按逐年下降 4.13％确定年度配额总量控制上限，2015 年后根据国家下达本市的碳排放下降目标确定。

在配额分配方法方面做了大胆尝试。不划分具体行业，采用政府总量控制与企业博弈竞争相结合的方法进行配额分配。

（1）配额管理单位在 2011—2012 年扩能或新投产项目，其第一年度排放量按投产月数占全年的比例折算确定。

（2）配额管理单位申报量之和低于年度配额总量控制上限的，其年度配额按申报量确定。

（3）配额管理单位申报量超过市发展改革委审定的排放量（以下简称审定排放量）8％以上的，以审定排放量与申报量之间的差额扣减相应配额。

（4）配额管理单位实际产量比上年度增加，且申报量低于审定排放量 8％以上的，以审定排放量与申报量之间的差额作为补发配额上限。补发配额总量不足，按该差额占补发配额总量的权重补发配额。

（5）配额管理单位申报量之和高于年度配额总量控制上限的，按以下规定确定年度配额：

i. 配额管理单位申报量高于其历史最高年度排放量的，以两者平均量作为其年度配额分配基数（以下简称分配基数）；配额管理单位申报量

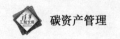

低于其历史最高年度排放量的,以申报量作为分配基数。

ⅱ. 配额管理单位分配基数之和低于年度配额总量控制上限的,其年度配额按分配基数确定;配额管理单位分配基数之和超过年度配额总量控制上限的,其年度配额按分配基数所占权重确定。

(七)天津

纳入企业配额包括基本配额、调整配额和新增设施配额。依据企业既有排放源活动水平,向纳入企业分配基本配额和调整配额,基本配额和调整配额合称既有产能配额。因启用新的生产设施造成排放重大变化时,向纳入企业分配新增设施配额。

1. 电力、热力行业既有产能配额核定方法

对电力、热力、热电联产行业的纳入企业依据基准法分配配额。2013年,基准水平依据纳入企业2009—2012年正常工况下单位产出二氧化碳排放的平均值确定。2014年、2015年基准水平按照上一年度基准值下降0.2%确定。

根据当年基准水平,按照2009—2012年正常工况下年平均发电/供热量的90%,向纳入企业分配基本配额。次年履约期间,依据纳入企业实际发电量/供热量,核发调整配额。

1) 电力及热力企业

既有产能配额: $\quad\quad\quad A = A_1 + A_2$

基本配额: $\quad\quad\quad\quad A_1 = B \times P \times 90\%$

调整配额: $\quad\quad\quad\quad A_2 = B \times P_{实际产量} - A_1$

其中,B 为纳入企业发电/供热基准,发电基准单位为吨二氧化碳每兆瓦时($t-CO_2/MWh$),供热基准单位为吨二氧化碳每吉焦($t-CO_2/GJ$);P 为纳入企业2009—2012年正常工况下年平均发电/供热量,发电量单位为兆瓦时(MWh),供热量单位为吉焦(GJ);$P_{实际产量}$ 为纳入企业当年实际发电/供热量,发电量单位为兆瓦时(MWh),供热量单位为吉焦(GJ)。

2）热电联产企业

既有产能配额：$\qquad A=A_1+A_2$

基本配额：

$$A_1=(B_电\times P_{历史平均发电量}+B_热\times P_{历史平均供热量})\times 90\%$$

调整配额：

$$A_2=(B_电\times P_{实际发电量}+B_热\times P_{实际供热量})-A_1$$

其中，$B_电$ 为热电联产企业发电基准，单位为吨二氧化碳每兆瓦时（t—CO_2/MWh）；$P_{历史平均发电量}$ 为纳入企业发电部分 2009—2012 年正常工况下年平均发电量，发电量单位为兆瓦时（MWh）；$B_热$ 为热电联产企业供热基准，单位为吨二氧化碳每吉焦（t—CO_2/GJ）；$P_{历史平均供热量}$ 为纳入企业供热部分 2009—2012 年正常工况下年平均供热量，供热量单位为吉焦（GJ）；$P_{实际发电量}$ 为纳入企业发电部分当年实际发电量，发电量单位为兆瓦时（MWh）；$P_{实际供热量}$ 为纳入企业供热部分当年实际供热量，供热量单位为吉焦（GJ）。

2. 其他行业既有产能配额核定方法

对钢铁、化工、石化、油气开采等行业的纳入企业采用历史法分配配额。以历史排放为依据，综合考虑先期减碳行动、技术先进水平及行业发展规划等，向纳入企业分配基本配额。

基本配额：$\qquad A_1=H\times B\times C$

其中，H 为排放基数，为纳入企业 2009—2012 年正常工况下二氧化碳排放量年平均值；B 为绩效系数，综合考虑纳入企业先期减碳成效及企业控制温室气体排放技术水平确定；C 为行业控排系数，根据本市行业发展规划、行业整体碳排放水平、行业承担的控制温室气体排放责任、配额总量与纳入企业排放基数总和之间的差异等确定，2013 年取值为 1，2014—2015 年取值当年公布。

纳入企业可在履约期间向市发展改革委提出配额调整申请并提交相关材料。经市发展改革委核实后，向纳入企业补充发放调整配额，相

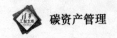

关规定另行公布。

3. 新增设施配额核定方法

因启用新增设施所产生的排放,纳入企业可在履约期间向市发展改革委提出新增设施配额申请并提交相关材料。经市发展改革委批准后,按照纳入企业所属行业二氧化碳排放强度先进值发放配额。

附录 D　《温室气体自愿减排交易管理暂行办法》

第一章　总　　则

第一条　为鼓励基于项目的温室气体自愿减排交易，保障有关交易活动有序开展，制定本暂行办法。

第二条　本暂行办法适用于二氧化碳（CO_2）、甲烷（CH_4）、氧化亚氮（N_2O）、氢氟碳化物（HFCs）、全氟化碳（PFCs）和六氟化硫（SF_6）等六种温室气体的自愿减排量的交易活动。

第三条　温室气体自愿减排交易应遵循公开、公平、公正和诚信的原则，所交易减排量应基于具体项目，并具备真实性、可测量性和额外性。

第四条　国家发展改革委作为温室气体自愿减排交易的国家主管部门，依据本暂行办法对中华人民共和国境内的温室气体自愿减排交易活动进行管理。

第五条　国内外机构、企业、团体和个人均可参与温室气体自愿减排量交易。

第六条　国家对温室气体自愿减排交易采取备案管理。参与自愿减排交易的项目，在国家主管部门备案和登记，项目产生的减排量在国家主管部门备案和登记，并在经国家主管部门备案的交易机构内交易。

中国境内注册的企业法人可依据本暂行办法申请温室气体自愿减排项目及减排量备案。

第七条　国家主管部门建立并管理国家自愿减排交易登记簿（以下

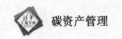

简称国家登记簿），用于登记经备案的自愿减排项目和减排量，详细记录项目基本信息及减排量备案、交易、注销等有关情况。

第八条 在每个备案完成后的 10 个工作日内，国家主管部门通过公布相关信息和提供国家登记簿查询，引导参与自愿减排交易的相关各方，对具有公信力的自愿减排量进行交易。

第二章 自愿减排项目管理

第九条 参与温室气体自愿减排交易的项目应采用经国家主管部门备案的方法学并由经国家主管部门备案的审核机构审定。

第十条 方法学是指用于确定项目基准线、论证额外性、计算减排量、制订监测计划等的方法指南。

对已经联合国清洁发展机制执行理事会批准的清洁发展机制项目方法学，由国家主管部门委托专家进行评估，对其中适合于自愿减排交易项目的方法学予以备案。

第十一条 对新开发的方法学，其开发者可向国家主管部门申请备案，并提交该方法学及所依托项目的设计文件。国家主管部门接到新方法学备案申请后，委托专家进行技术评估，评估时间不超过 60 个工作日。

国家主管部门依据专家评估意见对新开发方法学备案申请进行审查，并于接到备案申请之日起 30 个工作日内（不含专家评估时间）对具有合理性和可操作性、所依托项目设计文件内容完备、技术描述科学合理的新开发方法学予以备案。

第十二条 申请备案的自愿减排项目在申请前应由经国家主管部门备案的审核机构审定，并出具项目审定报告。项目审定报告主要包括以下内容：

（一）项目审定程序和步骤；

（二）项目基准线确定和减排量计算的准确性；

（三）项目的额外性；

（四）监测计划的合理性；

（五）项目审定的主要结论。

第十三条 申请备案的自愿减排项目应于 2005 年 2 月 16 日之后开工建设，且属于以下任一类别：

（一）采用经国家主管部门备案的方法学开发的自愿减排项目；

（二）获得国家发展改革委批准作为清洁发展机制项目，但未在联合国清洁发展机制执行理事会注册的项目；

（三）获得国家发展改革委批准作为清洁发展机制项目且在联合国清洁发展机制执行理事会注册前就已经产生减排量的项目；

（四）在联合国清洁发展机制执行理事会注册但减排量未获得签发的项目。

第十四条 国资委管理的中央企业中直接涉及温室气体减排的企业（包括其下属企业、控股企业），直接向国家发展改革委申请自愿减排项目备案。具体名单由国家主管部门制定、调整和发布。

未列入前款名单的企业法人，通过项目所在省、自治区、直辖市发展改革部门提交自愿减排项目备案申请。省、自治区、直辖市发展改革部门就备案申请材料的完整性和真实性提出意见后转报国家主管部门。

第十五条 申请自愿减排项目备案须提交以下材料：

（一）项目备案申请函和申请表；

（二）项目概况说明；

（三）企业的营业执照；

（四）项目可研报告审批文件、项目核准文件或项目备案文件；

（五）项目环评审批文件；

（六）项目节能评估和审查意见；

（七）项目开工时间证明文件；

（八）采用经国家主管部门备案的方法学编制的项目设计文件；

（九）项目审定报告。

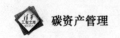

第十六条　国家主管部门接到自愿减排项目备案申请材料后,委托专家进行技术评估,评估时间不超过 30 个工作日。

第十七条　国家主管部门依据专家评估意见对自愿减排项目备案申请进行审查,并于接到备案申请之日起 30 个工作日内(不含专家评估时间)对符合下列条件的项目予以备案,并在国家登记簿登记。

（一）符合国家相关法律法规；

（二）符合本办法规定的项目类别；

（三）备案申请材料符合要求；

（四）方法学应用、基准线确定、温室气体减排量的计算及其监测方法得当；

（五）具有额外性；

（六）审定报告符合要求；

（七）对可持续发展有贡献。

第三章　项目减排量管理

第十八条　经备案的自愿减排项目产生减排量后,作为项目业主的企业在向国家主管部门申请减排量备案前,应由经国家主管部门备案的核证机构核证,并出具减排量核证报告。减排量核证报告主要包括以下内容：

（一）减排量核证的程序和步骤；

（二）监测计划的执行情况；

（三）减排量核证的主要结论。

对年减排量 6 万吨以上的项目进行过审定的机构,不得再对同一项目的减排量进行核证。

第十九条　申请减排量备案须提交以下材料：

（一）减排量备案申请函；

（二）项目业主或项目业主委托的咨询机构编制的监测报告；

（三）减排量核证报告。

第二十条 国家主管部门接到减排量备案申请材料后，委托专家进行技术评估，评估时间不超过 30 个工作日。

第二十一条 国家主管部门依据专家评估意见对减排量备案申请进行审查，并于接到备案申请之日起 30 个工作日内（不含专家评估时间）对符合下列条件的减排量予以备案：

（一）产生减排量的项目已经国家主管部门备案；

（二）减排量监测报告符合要求；

（三）减排量核证报告符合要求。

经备案的减排量称为"核证自愿减排量"（CCER），单位以"吨二氧化碳当量"（tCO2e）计。

第二十二条 自愿减排项目减排量经备案后，在国家登记簿登记并在经备案的交易机构内交易。用于抵消碳排放的减排量，应于交易完成后在国家登记簿中予以注销。

第四章 减排量交易

第二十三条 温室气体自愿减排量应在经国家主管部门备案的交易机构内，依据交易机构制定的交易细则进行交易。

经备案的交易机构的交易系统与国家登记簿连接，实时记录减排量变更情况。

第二十四条 交易机构通过其所在省、自治区和直辖市发展改革部门向国家主管部门申请备案，并提交以下材料：

（一）机构的注册资本及股权结构说明；

（二）章程、内部监管制度及有关设施情况报告；

（三）高层管理人员名单及简历；

（四）交易机构的场地、网络、设备、人员等情况说明及相关地方或行业主管部门出具的意见和证明材料；

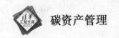

（五）交易细则。

第二十五条　国家主管部门对交易机构备案申请进行审查,审查时间不超过六个月,并于审查完成后对符合以下条件的交易机构予以备案:

（一）在中国境内注册的中资法人机构,注册资本不低于一亿元人民币;

（二）具有符合要求的营业场所、交易系统、结算系统、业务资料报送系统和与业务有关的其他设施;

（三）拥有具备相关领域专业知识及相关经验的从业人员;

（四）具有严格的监察稽核、风险控制等内部监控制度;

（五）交易细则内容完整、明确,具备可操作性。

第二十六条　对自愿减排交易活动中有违法违规情况的交易机构,情节较轻的,国家主管部门将责令其改正;情节严重的,将公布其违法违规信息,并通告其原备案无效。

第五章　审定与核证管理

第二十七条　从事本暂行办法第二章规定的自愿减排交易项目审定和第三章规定的减排量核证业务的机构,应通过其注册地所在省、自治区和直辖市发展改革部门向国家主管部门申请备案,并提交以下材料:

（一）营业执照;

（二）法定代表人身份证明文件;

（三）在项目审定、减排量核证领域的业绩证明材料;

（四）审核员名单及其审核领域。

第二十八条　国家主管部门接到审定与核证机构备案申请材料后,对审定与核证机构备案申请进行审查,审查时间不超过六个月,并于审查完成后对符合下列条件的审定与核证机构予以备案:

（一）成立及经营符合国家相关法律规定；

（二）具有规范的管理制度；

（三）在审定与核证领域具有良好的业绩；

（四）具有一定数量的审核员,审核员在其审核领域具有丰富的从业经验,未出现任何不良记录；

（五）具备一定的经济偿付能力。

第二十九条 经备案的审定和核证机构,在开展相关业务过程中如出现违法违规情况,情节较轻的,国家主管部门将责令其改正；情节严重的,将公布其违法违规信息,并通告其原备案无效。

第六章 附 则

第三十条 本暂行办法由国家发展改革委负责解释。

第三十一条 本暂行办法自印发之日起施行。

附件:可直接向国家发展改革委申请自愿减排项目备案的中央企业名单

1. 中国核工业集团公司

2. 中国核工业建设集团公司

3. 中国化工集团公司

4. 中国化学工程集团公司

5. 中国轻工集团公司

6. 中国盐业总公司

7. 中国中材集团公司

8. 中国建筑材料集团公司

9. 中国电子科技集团公司

10. 中国有色矿业集团有限公司

11. 中国石油天然气集团公司

12. 中国石油化工集团公司

13. 中国海洋石油总公司

14. 国家电网公司

15. 中国华能集团公司

16. 中国大唐集团公司

17. 中国华电集团公司

18. 中国国电集团公司

19. 中国电力投资集团公司

20. 中国铁路工程总公司

21. 中国铁道建筑总公司

22. 神华集团有限责任公司

23. 中国交通建设集团有限公司

24. 中国农业发展集团总公司

25. 中国林业集团公司

26. 中国铝业公司

27. 中国航空集团公司

28. 中国中化集团公司

29. 中粮集团有限公司

30. 中国五矿集团公司

31. 中国建筑工程总公司

32. 中国水利水电建设集团公司

33. 国家核电技术有限公司

34. 中国节能投资公司

35. 华润(集团)有限公司

36. 中国中煤能源集团公司

37. 中国煤炭科工集团有限公司

38. 中国机械工业集团有限公司

39. 中国中钢集团公司

40. 中国冶金科工集团有限公司

41. 中国钢研科技集团公司

42. 中国广东核电集团

43. 中国长江三峡集团公司

附录 E 中英文对照表

名　称	解　释
AAU	Assigned Amount Unit,分配数量单位,《京都议定书》中规范的各国排放量单位
AB 32	Assembly Bill 32,Global Warming Solutions Act of 2006,全球气候变暖解决方案法案
ARB	Air Resources Board,空气资源委员会
CAR	Climate Action Reserve,气候行动储备
CCA	California Carbon Allowance,加州碳配额
CCAR	California Climate Action Reserve,美国加利福尼亚州(简称加州)温室气体总量控制与交易体系
CCER	China Certified Emission Reduction,核证自愿减排量
CCS	Carbon Capture and Storage,碳捕获和碳封存
CCX	Chicago Climate Exchange,美国芝加哥气候交易所
CDM	Clean Development Mechanism,清洁发展机制
CDP	Carbon Disclosure Project,碳披露项目
CER	Certified Emission Reduction,经核证的减排量
CFI	Carbon Financial Instrument,芝加哥气候交易所碳交易的信用单位
CHUEE	China Utility-Based Energy Efficiency Finance Program,中国节能减排融资项目

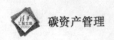

续表

名　　称	解　　释
DOE	Designated Operational Entity,指定经营实体,CDM 机制中的独立第三方
EB	Excutive Board,CDM 机制中的执行理事会
ECX	Europe Climate Exchange,欧洲气候交易所
EEX	Europe Energy Exchange,欧洲能源交易所
EMC	Energy Management Contracting,合同能源管理
ERPA	Emission Reductions Purchase Agreement,减排量购买协议
ERU	Emission Reduction Unit,排放减排单位,是 JI 下产生的减排量
EUA	European Union Allowance,欧盟碳配额
EU-ETS	Europe Union Emission Trading Scheme,欧盟排放交易机制
GDP	Gross Domestic Product,国内生产总值
GS	Golden Standard,黄金标准
IASB	International Accounting Standards Board,国际会计准则理事会
IATA	International Air Transport Association,国际航空运输协会
ICAO	International Civil Aviation Organization,国际民航组织
ICE-ECX	Intercontinental Exchange,European Climate Exchange,洲际交易所欧洲气候交易所
IET	International Emission Trading,国际排放贸易
INC	Inter-governmental Negotiation Commission,气候变化政府间谈判委员会
IPCC	Inter-governmental Panel of Climate Change,政府间气候变化专门委员会
JI	Joint Implementation,联合履约
KP	Kyoto Protocol,京都议定书
MGGA	Midwestern Greenhouse Gas Reduction Accord,中西部地区温室气体减排协议
MRV	Monitoring、Reporting and Verification,监测、报告、核查
NAP	National Allocation Plan,欧盟国家分配计划

续表

名　称	解　释
NGACs	NSW GHG Abatement Certificates,澳大利亚新南威尔士州温室气体减排计划下的减排信用额
NSW GGAS	New South Wales Greenhouse Gas Abatement Scheme,澳大利亚新南威尔士州温室气体减排计划
NZ ETS	The New Zealand Emissions Trading Scheme,新西兰减排交易体系
PDD	Project Design Document,项目设计文件
RGGI	Regional Greenhouse Gas Initiative,美国区域温室气体减排计划
UNFCCC	United Nations Framework Convention on Climate Change,联合国气候变化框架公约
VCS	Verified Carbon Standard,核证碳标准
VER	Voluntary Emission Reduction,自愿减排量
WCI	Western Climate Initiative,西部气候倡议
WMO	World Meteorological Organization,世界气象组织